Python程序设计与应用教学研究

徐 鹏◎著

吉林出版集团股份有限公司
全国百佳图书出版单位

图书在版编目（CIP）数据

Python程序设计与应用教学研究 / 徐鹏著. -- 长春：吉林出版集团股份有限公司，2024.6. -- ISBN 978-7-5731-5339-5

Ⅰ. TP311.561

中国国家版本馆CIP数据核字第2024XR2909号

PYTHON CHENGXU SHEJI YU YINGYONG JIAOXUE YANJIU

Python 程序设计与应用教学研究

著　者	徐　鹏
责任编辑	田　璐
装帧设计	朱秋丽
出　版	吉林出版集团股份有限公司
发　行	吉林出版集团青少年书刊发行有限公司
地　址	吉林省长春市福祉大路 5788 号（130118）
电　话	0431-81629808
印　刷	北京昌联印刷有限公司
版　次	2024 年 6 月第 1 版
印　次	2024 年 6 月第 1 次印刷
开　本	787 mm×1092 mm　　1/16
印　张	11.75
字　数	243千字
书　号	ISBN 978-7-5731-5339-5
定　价	76.00元

前　言

在信息化时代的浪潮下，计算机程序设计与应用教学已成为高等教育体系中不可或缺的一部分。Python 作为一种简洁、易读且功能强大的编程语言，近年来在程序设计领域备受瞩目。由于其广泛的应用领域，包括数据分析、人工智能、Web 开发等，使得 Python 成为众多学者和工程师的首选工具。因此，对 Python 程序设计与应用教学进行深入研究，不仅有助于提升教学质量，还能为学生的职业发展提供有力支持。

Python 程序设计与应用教学的核心在于培养学生的逻辑思维能力和实践操作能力。通过系统地学习，学生应能够掌握 Python 语言的基本语法、常用数据结构和算法，以及如何利用 Python 进行实际问题的求解。同时，教学还应注重培养学生的创新思维和团队协作能力，以适应不断变化的技术环境和市场需求。

Python 程序设计与应用教学研究具有重要的现实意义和深远影响。通过深入研究和实践探索，我们可以为培养具有创新精神和实践能力的优秀人才做出贡献，同时推动计算机程序设计与应用教学的发展和创新。我们期待在未来的研究中，能够取得更多的成果和突破，为 Python 程序设计与应用教学的发展贡献智慧和力量。

我们期望本研究的开展，能够为 Python 程序设计与应用教学提供有益的参考和借鉴，为培养更多优秀的计算机人才做出贡献。同时，我们也期待与广大教育工作者和研究者共同探讨和交流，共同推动 Python 程序设计与应用教学的发展和创新。

由于笔者水平有限，本书难免存在不妥之处，敬请广大学界同人与读者朋友批评指正。

目　录

第一章 Python 语言基础

第一节 Python 的起源与发展

一、Python 的创始人

Python，这一如今在全球范围内广泛应用的编程语言，其创始人吉多·范罗苏姆（Guido van Rossum）功不可没。范罗苏姆不仅创造了 Python，还通过其独特的设计理念和不懈的努力，使得 Python 成为一种易于学习、功能强大且应用广泛的编程语言。

（一）Python 的诞生与范罗苏姆的编程之路

吉多·范罗苏姆出生于荷兰，从小就对编程产生了浓厚的兴趣。他在阿姆斯特丹大学学习计算机科学时，接触并开始深入研究各种编程语言。范罗苏姆发现，虽然当时的编程语言种类繁多，但每一种都有其优点和缺点，没有一种能够完全满足他的需求。于是，他萌生了一种创造新编程语言的想法。

范罗苏姆希望这种新语言能够兼具易读性、易用性和强大的功能。他深受 ABC 语言的影响，认为编程语言应该像英语一样易于学习，同时也应该具有足够的灵活性来满足复杂的编程需求。在经过多年的努力和探索后，范罗苏姆终于在 1989 年创造了 Python。

Python 的诞生并非一帆风顺。最初，它只是一种范罗苏姆用来打发时间的业余项目。然而，随着 Python 的不断发展和完善，越来越多的程序员开始关注并使用它。范罗苏姆也逐渐意识到 Python 的巨大潜力，于是决定将其打造成一种专业的编程语言。

（二）Python 的广泛应用与范罗苏姆的教育理念

Python 的普及与范罗苏姆的教育理念密不可分。范罗苏姆认为，编程应该是一种乐趣，而不是一种负担。他希望通过 Python 这种易于学习的编程语言，让更多的人能够轻松地掌握编程技能，从而更好地理解和应用计算机技术。

为了实现这一目标，范罗苏姆不仅将 Python 的语法设计得简单易懂，还积极推广 Python 在教育和科研领域的应用。他亲自参与编写了多本 Python 教材，并在全球范围内举办 Python 编程培训班和研讨会。这些努力使得 Python 逐渐成为计算机科学教育和科研领域的重要工具。

如今，Python 已经被广泛应用于数据分析、人工智能、Web 开发、自动化测试等众多领域。无论在学术界还是工业界，Python 都展现出了强大的生命力和广阔的应用前景。

范罗苏姆的教育理念也体现在他对 Python 社区的建设上。他倡导开放、合作和分享的精神，鼓励程序员们共同参与 Python 的开发和维护。这种开放式的开发模式使得 Python 能够不断吸收新的思想和技术，保持其活力和创新性。

总的来说，范罗苏姆作为 Python 的创始人，不仅创造了一种优秀的编程语言，还通过其独特的教育理念和不懈的努力，推动了 Python 在全球范围内的普及和应用。他的贡献不仅仅体现在 Python 语言本身的发展上，更体现在他对计算机科学教育和科研领域的深远影响上。

在未来的发展中，我们可以期待 Python 在更多领域发挥更大的作用，同时也期待范罗苏姆的教育理念能够继续影响和启发更多的程序员和教育工作者。相信在范罗苏姆的引领下，Python 的明天会更加美好。

二、Python 的发展过程

Python 作为一种编程语言，自其诞生以来，已经走过了数十年的发展历程。从最初的小众语言到如今全球范围内广泛应用的编程工具，Python 的每一步发展都凝聚了无数开发者的智慧和努力。在 Python 程序设计与应用教学中，深入了解其发展过程，不仅有助于我们更好地掌握 Python 的特性和应用，还能启发我们在编程实践中不断创新和进步。

（一）Python 的早期发展与特点

Python 的诞生可以追溯到 1989 年，当时吉多·范罗苏姆为了打发圣诞节期间的无聊时光，开始设计一种新的解释型编程语言。他借鉴了 ABC 语言的许多特点，同时加入自己对编程语言的理解和创新。Python 的早期版本以其简洁易懂的语法、丰富的数据类型和强大的功能迅速吸引了众多开发者的关注。

Python 的特点之一是其高度的可读性和易用性。范罗苏姆在设计 Python 时，注重语言的清晰和一致，使得 Python 代码易于阅读和理解。此外，Python 还提供了丰富的标准库和第三方库，使得开发者能够轻松实现各种功能。这些特点使 Python 在早期就得到了广泛的应用，尤其是在科学计算、数据分析等领域。

（二）Python 的普及与社区建设

进入 21 世纪后，随着互联网的快速发展和开源文化的兴起，Python 开始迎来其快速发展的黄金时期。越来越多的开发者开始使用 Python，并积极参与到 Python 社区的建设中。他们不仅为 Python 贡献了大量的代码和文档，还通过举办各种线上线下的活动，推动了 Python 在全球范围内的普及和应用。

Python 社区的壮大为 Python 的发展提供了强大的动力。社区中的开发者们共同解决了许多技术难题，推动了 Python 的不断进步。同时，社区还形成了良好的学习氛围和合作机制，使得新手能够迅速融入其中，并从老手那里学到宝贵的经验。

（三）Python 在各个领域的应用拓展

随着 Python 的不断发展，其应用领域也在不断拓宽。除了最初的科学计算和数据分析领域外，Python 如今已经广泛应用于 Web 开发、人工智能、自动化测试、嵌入式系统等多个领域。

在 Web 开发领域，Python 凭借其强大的网络编程能力和丰富的 Web 框架（如 Django、Flask 等），成为许多开发者的首选语言。在人工智能领域，Python 的易用性和丰富的机器学习库（如 TensorFlow、PyTorch 等），使得它成了人工智能研究和应用的热门语言。此外，Python 还在自动化测试、嵌入式系统等领域发挥着重要作用。

这些应用领域的拓展不仅证明了 Python 的强大功能，也反映了 Python 在解决实际问题中的广泛应用价值。在 Python 程序设计与应用教学中，我们可以结合这些实际案例，让学生更好地理解 Python 的应用场景和优势。

三、Python 的应用领域

Python 作为一种解释型、交互式、面向对象的编程语言，自诞生以来，其应用领域不断扩展，涵盖了科学研究、数据分析、Web 开发、人工智能等诸多领域。在 Python 程序设计与应用教学中，深入了解这些应用领域，有助于我们更好地把握 Python 的特点，发挥其在解决实际问题中的优势。

（一）科学计算与数据分析

Python 在科学计算和数据分析领域的应用非常广泛。它拥有强大的数学运算库和数据处理库，如 NumPy、Pandas 等，使得科学家和数据分析师能够高效地处理大规模数据集，进行复杂的数学运算和统计分析。通过 Python，用户可以轻松地进行数据清洗、转换、可视化等操作，挖掘数据中有价值的信息。

在 Python 程序设计与应用教学中，我们可以结合具体的科学计算和数据分析案例，教授学生如何使用 Python 进行数据处理和分析。通过实践操作，学生可以掌握数据处理的基本流程和方法，提升其解决实际问题的能力。

（二）Web 开发与网络编程

Python 在 Web 开发与网络编程领域也有着广泛的应用。它提供了许多优秀的 Web 框架，如 Django、Flask 等，使得开发者能够快速地构建出功能强大的 Web 应用。同时，Python 还支持多线程、异步 IO 等特性，使得开发者能够高效地处理网络请求和并发访问。

在 Python 程序设计与应用教学中，我们可以教授学生如何使用 Python 进行 Web 应用的开发。通过搭建 Web 开发环境、编写简单的 Web 应用，学生可以了解 Web 开发的基本流程和技术栈，掌握前后端交互、数据库操作等关键技能。

（三）人工智能与机器学习

近年来，Python 在人工智能和机器学习领域的应用也日益突出。它拥有许多优秀的机器学习库和深度学习框架，如 TensorFlow、PyTorch 等，使得开发者能够轻松地构建和训练各种复杂的机器学习模型。通过 Python，用户可以处理大量的训练数据、优化模型参数、提升模型的预测性能。

在 Python 程序设计与应用教学中，我们可以结合人工智能和机器学习的案例，教授学生如何使用 Python 进行模型训练和部署。通过实践操作，学生可以了解机器学习的基本原理和方法，掌握模型调优的技巧和策略，为未来的研究和应用打下坚实的基础。

除了以上三个主要应用领域外，Python 还在自动化测试、嵌入式系统开发、游戏开发等领域发挥着重要作用。这些应用领域的多样性使得 Python 成为一种全能的编程语言，能够满足不同领域的需求。

在 Python 程序设计与应用教学中，我们不仅仅要关注 Python 的基本语法和特性，更要注重培养学生的实际应用能力，通过引导学生参与实际项目，让他们在实践中掌握 Python 的应用技巧和方法，提升他们的综合素质和竞争力。

同时，我们还需要关注 Python 的发展趋势和未来挑战。随着技术的不断进步和应用领域的不断拓展，Python 将会面临更多的机遇和挑战。我们需要不断更新教学内容和方法，与时俱进，为学生提供更好的学习体验和更广阔的发展空间。

总之，Python 的应用领域广泛而多样，它已经成为一种不可或缺的编程语言。在 Python 程序设计与应用教学中，我们应该充分发挥 Python 的优势，结合实际应用案例，培养学生的实践能力和创新精神，为他们的未来发展打下坚实的基础。

四、Python 的社区与生态

Python 作为一种强大的编程语言，其成功不仅在于其语法简洁、易于学习，还在于它拥有一个庞大的社区和繁荣的生态。Python 的社区与生态为开发者提供了丰富的资源、持续的支持和无限的创新可能。在 Python 程序设计与应用教学中，了解并融入这个社区与生态，对学生而言至关重要。

（一）Python 社区的活跃与多元

Python 社区是一个充满活力和多元化的群体，汇聚了来自世界各地的开发者、爱好者、学者和专家。这个社区不仅规模庞大，而且交流频繁，为 Python 的发展提供了源源不断的动力。

在 Python 社区中，你可以找到各种类型的资源和支持。无论初学者还是资深开发者，都能在社区中找到适合自己的学习路径和解决方案。从基础的语法教程到高级的应用案例，从简单的编程问题到复杂的项目挑战，Python 社区都能提供及时的帮助和指导。

此外，Python 社区还定期举办各种线上线下的活动，如技术研讨会、编程竞赛、社区聚会等。这些活动为开发者们提供了一个交流想法、分享经验、拓展人脉的平台。通过参与这些活动，学生可以更深入地了解 Python 的应用场景和发展趋势，与同行建立联系，为未来的职业发展打下基础。

（二）Python 生态的丰富性与强大性

Python 的生态是其成功的另一个重要因素。Python 拥有庞大的标准库和数以万计的第三方库，这些库覆盖了从基本的数据结构到复杂的机器学习算法等各个领域。这些库的存在大大简化了开发者的工作，使他们能够更快速地构建出功能强大的应用程序。

在 Python 生态中，你可以找到用于 Web 开发的框架（如 Django、Flask）、用于数据分析的库（如 NumPy、Pandas）、用于机器学习的框架（如 TensorFlow、PyTorch），以及用于自动化测试、嵌入式系统开发、游戏开发等各种领域的工具和库。这些工具和库不仅功能强大，而且易于集成和使用，给开发者提供了极大的便利。

Python 生态的丰富性和强大性也为学生提供广阔的学习和实践空间。通过学习这些库和工具，学生可以深入了解 Python 在各个领域的应用，掌握解决实际问题的技能和方法。同时，他们也可以通过参与开源项目、贡献代码等方式，与社区中的其他开发者一起推动 Python 生态的发展。

（三）Python 社区与教育的融合

Python 社区与教育的融合也是其生态中的一个亮点。越来越多的教育机构、在线平台和社区组织开始提供 Python 相关的课程和培训，以满足不断增长的学习需求。这些课程和培训涵盖了从基础知识到高级应用的各个方面，为初学者和进阶者提供了系统的学习路径。

此外，Python 社区还积极与中小学校、大学和研究机构合作，以推动 Python 在教育领域的应用。许多学校已经将 Python 作为编程入门语言，通过教授 Python 来培养学生的计算思维和编程能力。这种合作不仅有助于提高学生的技能水平，也为 Python 社区注入新的活力和创新力量。

第二节　Python 的安装与配置

一、Python 的下载与安装

Python 的下载与安装是 Python 程序设计与应用教学的第一步，也是学生接触 Python 的起点。一个顺畅的下载与安装过程能够为学生后续的学习提供良好的基础。因此，在教学过程中，我们需要详细、耐心地指导学生完成 Python 的下载与安装，确保每个学生都能够成功搭建起 Python 的开发环境。

（一）选择合适的 Python 版本

在下载 Python 之前，首先需要确定安装的 Python 版本。Python 有多个版本可供选择，包括 Python 2 和 Python 3。然而，由于 Python 2 已经在 2020 年停止官方支持，现在推荐使用 Python 3 进行学习和开发。在 Python 3 中，也有不同的版本更新，建议安装最新的稳定版，以获取最新的功能和性能优化。

在选择 Python 版本时，还需要考虑操作系统的兼容性。Python 支持多种操作系统，包括 Windows、Linux 和 macOS 等。因此，学生需要根据自己的操作系统选择合适的 Python 安装包。

（二）下载 Python 安装包

确定了要安装的 Python 版本后，接下来需要从官方网站或其他可信渠道下载 Python 安装包。官方网站提供了各种操作系统的安装包下载链接，学生可以根据自己的操作系统选择对应的安装包进行下载。

在下载过程中,学生需要注意安装包的来源是否可信,避免下载到恶意软件或病毒。建议从官方网站或知名的软件下载平台获取安装包,以确保下载的安全性和可靠性。

（三）安装 Python

下载完安装包后,就可以开始安装 Python 了。安装过程相对简单,但也有一些需要注意的地方。

首先,学生需要双击安装包进行安装。在安装过程中,可能会出现一些选项需要选择,如安装路径、是否添加环境变量等。对初学者来说,建议选择默认的安装路径和选项,避免不必要的麻烦。如果需要自定义安装路径或选项,建议提前了解相关知识,或者在教师的指导下进行操作。

安装完成后,学生需要检查 Python 是否成功安装并配置正确,可以在命令行中输入"python --version"来查看 Python 的版本信息,确保安装的是期望的版本。此外,还可以尝试运行一些简单的 Python 代码来测试环境是否搭建成功。

在教学过程中,教师还可以为学生提供一些常见问题的解决方案和注意事项,以便学生在安装过程中遇到问题时能够及时解决。同时,鼓励学生积极提问和分享经验,促进学习交流和互动。

总之,Python 的下载与安装是 Python 程序设计与应用教学的基础步骤,对初学者来说尤为重要。在教学过程中,教师需要详细讲解和指导学生完成安装过程,确保每个学生都能够成功搭建起 Python 的开发环境,为后续的学习奠定坚实的基础。

除了上述的下载与安装步骤外,教师还可以进一步扩展相关内容,如介绍 Python 的集成开发环境（IDE）的下载与安装。IDE 是一种强大的编程工具,它提供了代码编辑、调试、运行等功能,能够大副提高编程的效率和体验。常见的 Python IDE 包括 PyCharm、Visual Studio Code、Jupyter Notebook 等。教师可以根据学生的需求和兴趣,推荐合适的 IDE 并指导学生进行安装和使用。

此外,教师还可以介绍 Python 的扩展库和工具的下载与安装方法。Python 拥有丰富的扩展库和工具,这些库和工具能够扩展 Python 的功能和应用范围。学生可以根据自己的学习需求,选择并安装合适的库和工具。教师可以推荐一些常用的库和工具,并指导学生如何查找和安装这些资源。

Python 的下载与安装是 Python 程序设计与应用教学的重要一环。在教学过程中,教师需要详细讲解和指导学生完成安装过程,并为学生提供必要的资源和支持。通过这一环节的学习,学生可以搭建起自己的 Python 开发环境,为后续的学习和实践打下坚实的基础。

二、环境变量的配置

在 Python 程序设计与应用教学中，环境变量的配置是一个不可或缺的重要步骤。正确配置环境变量可以使 Python 命令在系统中任意位置都能够被识别和执行，极大地方便了后续的开发工作。下面将从三个方面详细阐述环境变量的配置过程及其在教学中的意义。

（一）理解环境变量的概念与作用

环境变量是操作系统中用于存储特定信息的变量，它允许程序和系统知道关于其运行环境的信息。在 Python 的上下文中，环境变量主要用于指定 Python 解释器的路径，以便在任何位置都能运行 Python 脚本。

在教学过程中，首先需要向学生解释环境变量的基本概念，包括它的定义、作用以及如何在操作系统中查看和修改环境变量。教师通过生动的例子和形象的比喻，帮助学生理解环境变量在 Python 开发中的重要性。

（二）Python 环境变量的配置方法

配置 Python 环境变量主要有两种方式：手动配置和使用 Python 安装程序自动配置。

手动配置环境变量通常涉及编辑系统的环境变量文件（如在 Windows 中是系统属性的高级系统设置，Linux 和 macOS 中通常是 .bashrc、.bash_profile 或 .zshrc 等文件）。这要求学生具备一定的系统操作基础。在教学过程中，教师可以分步指导学生如何打开对应的配置文件、添加 Python 路径到环境变量中，并保存修改。同时，教师应提醒学生注意备份原始文件，以防操作失误导致系统问题。

使用 Python 安装程序自动配置环境变量是一种更为简便的方式。在安装 Python 时，选择将 Python 添加到系统环境变量中，安装程序会自动完成配置。这种方式适用于大多数用户，特别是在教学环境中，可以减少学生配置环境变量时的难度和出错率。

（三）环境变量配置的教学意义与注意事项

环境变量配置的教学意义在于使学生掌握 Python 开发的基本设置，为后续的学习和实践奠定基础。通过亲手配置环境变量，学生能够更加深入地理解操作系统的工作原理以及 Python 在系统中的运行方式。

在教学过程中，教师需要注意以下几点：

1. 强调环境变量配置的重要性，让学生明白这是 Python 开发不可或缺的一步。

2. 根据学生的操作系统类型，提供针对性的教学内容和示例。

3. 鼓励学生尝试手动配置环境变量，以培养他们的动手能力和解决问题的能力。

4. 提醒学生在配置环境变量时注意备份和恢复，以防意外情况发生。

此外，教师还可以结合实例演示环境变量配置的过程和效果，让学生更加直观地理解环境变量的作用。同时，可以组织学生进行小组讨论和分享，让他们交流配置环境变量的经验和遇到的问题，促进其学习交流和共同进步。

环境变量的配置是 Python 程序设计与应用教学中的重要环节。通过深入理解环境变量的概念和作用、掌握配置方法以及注意教学意义和事项，学生能够顺利搭建 Python 开发环境，为后续的学习和实践奠定坚实的基础。同时，这一过程也有助于培养学生的动手能力和解决问题的能力，提升他们的综合素质和编程能力。

三、Python 解释器的选择

在 Python 程序设计与应用教学中，选择合适的 Python 解释器是一项至关重要的任务。解释器不仅影响 Python 程序的运行效率和稳定性，还决定了学生能够使用的功能特性和学习体验。因此，在教学过程中，教师需要帮助学生理解不同解释器的特点和适用场景，指导他们根据实际需求做出合适的选择。

（一）官方 CPython 解释器

CPython 是 Python 的官方解释器，由 Python 核心开发团队维护。它是使用最广泛的 Python 解释器之一，具有稳定性和兼容性强的特点。CPython 解释器遵循 Python 语言规范，能够执行标准的 Python 代码。对初学者来说，CPython 是一个很好的选择，因为它提供了完整的 Python 功能集，并且与大多数 Python 库和工具兼容。

在教学过程中，教师可以向学生介绍 CPython 的基本特点和使用方法，引导他们通过官方网站下载并安装最新版本的 CPython 解释器。同时，教师可以结合实例演示 CPython 解释器的使用，帮助学生熟悉其界面和操作方式。

（二）Anaconda 与 Miniconda

Anaconda 和 Miniconda 是专门为数据科学和机器学习领域设计的 Python 发行版。它们不仅包含了 CPython 解释器，还预装了大量的科学计算库和工具，如 NumPy、Pandas、Matplotlib 等。这些库和工具对于数据分析和机器学习任务非常有用，可以大副简化开发流程。

在教学过程中，对于有志从事数据科学或机器学习方向工作的学生，教师可以推荐他们使用 Anaconda 或 Miniconda。通过安装这些发行版，学生可以快速搭建一个功能强大的 Python 开发环境，无须手动安装和配置各种库和工具。教师可以向学生介绍 Anaconda 和 Miniconda 的安装方法和使用方法，并引导他们探索其中的科学计算库和工具。

(三) 其他 Python 解释器

除了 CPython、Anaconda 和 Miniconda 之外，还有一些其他的 Python 解释器可供选择。例如，Jython 可以将 Python 代码编译成 Java 字节码，在 Java 虚拟机上运行；IronPython 则可以在 .NET 平台上运行 Python 代码。这些解释器具有各自的特点和适用场景，但相对于 CPython 来说，它们的使用范围较小，可能在某些特定的场景或平台上才有用。

在教学中，教师可以向学生简要介绍这些其他的 Python 解释器，帮助他们了解它们的存在和特点。然而，对初学者来说，建议优先掌握 CPython 和常用的科学计算发行版，待对 Python 有了更深入的了解后再去探索其他解释器。

(四) 解释器选择的考虑因素

在选择 Python 解释器时，学生需要考虑多个因素。

首先，他们需要明确自己的学习目标和需求，是想要学习 Python 的基础知识，还是想要进行特定的数据科学或机器学习项目。不同的目标和需求会对应不同的解释器选择。

其次，学生还需要考虑解释器的稳定性和兼容性。稳定性是指解释器在运行程序时的可靠性，而兼容性是指解释器与操作系统、其他软件以及 Python 库的兼容程度。选择一个稳定且兼容性好的解释器可以确保学生在学习和开发过程中少走弯路。

最后，学生还可以考虑解释器的性能和扩展性。性能是指解释器执行代码的速度和效率，而扩展性是指解释器支持的功能和库的数量和质量。对需要处理大量数据或进行复杂计算的学生来说，选择一个性能优越且扩展性好的解释器会更加合适。

在教学中，教师需要帮助学生理解这些考虑因素，并引导他们根据自己的实际情况做出合适的选择。同时，教师也可以提供一些实际案例和比较结果，帮助学生更加直观地了解不同解释器的优缺点和适用场景。

选择合适的 Python 解释器是 Python 程序设计与应用教学中重要的一环。通过了解不同解释器的特点和适用场景，学生可以根据自己的需求做出明智的选择，为后续的学习和实践奠定坚实的基础。同时，教师也需要根据学生的实际情况和教学目标，给予适当的指导和建议。

四、IDE 的选择与安装

在 Python 程序设计与应用教学中，选择合适的 IDE 以及正确安装它，对于学生的学习效率和编程体验至关重要。IDE 不仅提供了代码编辑、调试和运行的"一站式"服务，还集成了各种有用的工具和特性，有助于提高学生的编程效率和代码质量。

（一）IDE 的重要性与功能特性

首先，我们需要明确 IDE 在 Python 编程中的重要作用。IDE 不仅提供了一个友好的编程界面，还具备代码高亮、自动补全、调试器、版本控制等高级功能。这些功能能够极大地提高编程效率、减少错误，并帮助学生更好地组织和管理他们的代码。

对初学者来说，选择一个功能齐全且易于使用的 IDE 至关重要。一个好的 IDE 应该具有直观的界面、强大的编辑功能和丰富的扩展性。同时，它还应该与 Python 生态系统中的其他工具和库兼容，以便学生能够轻松地集成和使用这些资源。

（二）常用 IDE 的介绍与比较

在 Python 编程领域，有许多优秀的 IDE 可供选择。其中一些受欢迎的 IDE 包括 PyCharm、Visual Studio Code（VS Code）、Spyder 等。每个 IDE 都有其独特的特点和优势，适用于不同的编程场景和需求。

例如：PyCharm 是由 JetBrains 开发的一款强大的 Python IDE，它提供了丰富的功能特性和出色的性能；VS Code 则是一款轻量级的、可扩展的代码编辑器，它支持多种编程语言，包括 Python，并且具有大量的插件和扩展可供选择；Spyder 则是一款基于 Python 的科学计算 IDE，它集成了 NumPy、SciPy 等科学计算库，非常适合数据分析和科学计算任务。

在教学中，教师可以根据学生的学习目标和需求，推荐适合的 IDE。对于初学者，可以选择功能较为简单，但易于上手的 IDE，如 VSCode 或 Spyder；对于需要进行复杂项目开发的学生，则可以选择功能更为强大的 IDE，如 PyCharm。

（三）IDE 的安装过程与注意事项

在选择好合适的 IDE 后，接下来就是安装过程。一般来说，大多数 IDE 都提供了详细的安装指南和文档，学生可以根据这些指南进行安装。

在安装过程中，需要注意以下几点：首先，确保从官方渠道下载 IDE 安装包，以免安装恶意软件或病毒；其次，在安装过程中仔细阅读并理解每个选项的含义，根据需要进行选择和配置；最后，安装完成后，检查 IDE 能否正常启动，并熟悉其基本界面和操作方式。

此外，对某些 IDE 来说，可能还需要安装额外的插件或扩展以增强其功能。在安装这些插件或扩展时，也需要注意其来源和兼容性，确保它们与 IDE 版本和其他已安装的插件相兼容。

（四）IDE 的使用技巧与最佳实践

安装好 IDE 后，如何高效地使用它来提高编程效率也是非常重要的。教师可以向学生介绍一些 IDE 的使用技巧和最佳实践，帮助他们更好地利用 IDE 的功能特性。

例如：教师可以教授学生如何使用 IDE 的代码高亮功能来快速识别代码中的语法错误；如何利用自动补全功能来减少拼写错误和提高编程速度；如何配置和使用调试器来调试和排查代码中的错误；如何使用版本控制功能来管理代码的版本和变更等。

此外，教师还可以引导学生探索 IDE 的扩展性和自定义性。通过安装和使用合适的插件和扩展，学生可以进一步增强 IDE 的功能，以满足自己的特定需求。同时，学生也可以根据自己的习惯和偏好来调整 IDE 的界面和设置，使其更符合自己的使用习惯。

选择合适的 IDE 并正确安装它们，对于 Python 程序设计与应用教学至关重要。通过了解 IDE 的重要性与功能特性、常用 IDE 的介绍与比较、安装过程与注意事项以及使用技巧与最佳实践，学生可以更好地利用 IDE 来提高自己的编程效率和代码质量。同时，教师也需要根据学生的实际情况和教学目标给予他们适当的指导和建议。

五、虚拟环境的创建与管理

在 Python 程序设计与应用教学中，虚拟环境的创建与管理是一项至关重要的任务。虚拟环境能够为学生提供一个独立、隔离的 Python 解释器环境，使得每个项目都可以拥有自己依赖的库和版本，避免不同项目之间因依赖冲突而导致的问题。下面将从四个方面详细阐述虚拟环境的创建与管理过程。

（一）虚拟环境的重要性与意义

虚拟环境允许我们为每个项目创建独立的 Python 解释器环境，每个环境都有自己的 Python 解释器和库依赖。这意味着我们可以为每个项目安装不同版本的库，而不会影响到其他项目。这对于管理复杂项目、避免依赖冲突以及保持代码的清晰和可维护性至关重要。

在教学过程中，让学生理解虚拟环境的意义和重要性，有助于他们养成良好的开发习惯，提高开发效率。虚拟环境的创建可以确保每个项目都在一个干净、一致的环境中运行，减少因环境问题导致的错误和调试困难。

（二）虚拟环境的创建过程

在 Python 中，最常用的虚拟环境创建工具是 venv 和 virtualenv。这两个工具都可以帮助我们轻松地创建虚拟环境。

使用 venv 创建虚拟环境的步骤如下：

1. 打开命令行工具，进入项目目录。

2. 运行 python3 -m venv myenv 命令（其中 myenv 是虚拟环境的名称，可以根据需要自定义）。

3. 等待命令执行完成，此时项目目录下会生成一个名为 myenv 的文件夹，这就是我们的虚拟环境。

使用 virtualenv 创建虚拟环境的步骤与此类似，只是在安装和命令上略有不同。教师可以根据学生的实际情况和需求，选择合适的工具进行教学。

（三）虚拟环境的管理与使用

创建好虚拟环境后，我们需要学习如何管理和使用它。首先，要激活虚拟环境。在 Windows 系统中，可以使用 myenv\Scripts\activate 命令；在 Linux 或 macOS 系统中，可以使用 source myenv/bin/activate 命令。其次，激活后，命令行提示符前会显示虚拟环境的名称，表示当前处于该虚拟环境中。

在虚拟环境中，我们可以使用 pip 命令来安装和管理 Python 库。安装的库将仅在当前虚拟环境中可用，不会影响其他项目或全局环境。如果需要退出虚拟环境，可以运行 deactivate 命令。

在教学过程中，教师可以演示虚拟环境的创建、激活、使用和退出过程，并让学生亲自动手操作。通过实践，学生可以更好地理解虚拟环境的工作原理和管理方法。

（四）虚拟环境的最佳实践与注意事项

首先，建议学生在每个项目的开始阶段就创建虚拟环境，并将虚拟环境的创建和管理作为项目开发的一部分。这有助于保持项目的清晰和可维护性。

其次，要注意虚拟环境的命名和存储位置。建议使用有意义的名称来命名虚拟环境，并将其存储在项目目录中，以便将其与其他项目区分开来。

再次，要避免在全局环境中安装过多的 Python 库，以免造成依赖冲突和管理困难。应该尽量将库的安装限制在虚拟环境中进行。

最后，要定期备份和更新虚拟环境。备份可以确保在出现问题时能够恢复到之前的状态；更新则可以确保虚拟环境中的库保持最新状态，以利用最新的功能和修复程序。

在教学过程中，教师可以结合实例和案例，向学生讲解虚拟环境的最佳实践和注意事项，并引导学生养成良好的开发习惯。同时，教师也可以鼓励学生分享自己在虚拟环境管理方面的经验和技巧，促进学习交流和共同进步。

虚拟环境的创建与管理是 Python 程序设计与应用教学中的重要环节。通过学习和实践虚拟环境的使用和管理方法，学生可以更好地管理项目依赖、避免冲突，并提高开发效率。同时，这也有助于培养学生的团队协作精神和项目管理能力。

第三节　Python 的基本语法

一、代码块与缩进

在 Python 程序设计与应用教学中，代码块与缩进是两个核心概念，它们共同构成 Python 语言独特而优雅的语法结构。理解并正确应用这两个概念，对于初学者掌握 Python 编程基础至关重要。

（一）代码块的概念与重要性

代码块（Code Block）是 Python 中一组逻辑上相互关联的语句的集合。在 Python 中，代码块是通过缩进来定义的，而不是像其他语言那样使用大括号"{ }"。这种设计使得 Python 代码更加易读和清晰。

代码块在 Python 中扮演着非常重要的角色。它们用于定义函数体、循环体、条件语句体等，是构成程序逻辑的基本单元。通过合理地组织代码块，我们可以实现复杂的程序逻辑，提高代码的可读性和可维护性。

在教学中，教师需要强调代码块的概念，让学生理解为什么需要代码块以及代码块如何影响程序的执行流程。实际示例和练习年能够帮助学生掌握如何定义和使用代码块。

（二）缩进的规则与应用

缩进是 Python 中用来表示代码块层次结构的一种手段。Python 使用四个空格作为标准的缩进量，这是 Python 社区广泛接受的约定。使用一致的缩进风格对于保持代码的可读性至关重要。

在 Python 中，缩进的规则非常严格。同一代码块内的语句必须具有相同的缩进量；不同层次的代码块之间必须使用不同的缩进量来区分。如果缩进不正确，Python 解释器会抛出 IndentationError 异常。

在教学中，教师需要详细解释缩进的规则，并强调其重要性，通过示例展示正确的缩进方式，并指出常见的缩进错误及其后果。此外，教师还可以提供一些练习，让学生在实际编程中体会缩进的应用。

（三）代码块与缩进的实践意义

代码块与缩进的实践意义在于它们能够提高代码的可读性和可维护性。通过合理的缩进和代码块组织，我们可以使代码结构更加清晰、逻辑更加明确。这有助于减少编程错误，提高开发效率。

此外，代码块与缩进还有助于培养良好的编程习惯。在编写 Python 代码时，我们需要时刻注意缩进的使用，确保代码块的正确划分。这种严谨的态度将有助于我们形成规范的编程风格，提高代码质量。

在教学中，教师可以通过项目实践或编程挑战等方式，让学生在实际应用中体会代码块与缩进的实践意义。通过不断练习和总结，学生可以逐渐掌握这两个核心概念，并将其应用于更复杂的程序中。

代码块与缩进是 Python 程序设计与应用教学中的重要内容。通过深入理解这两个概念并掌握其应用方法，学生可以更好地掌握 Python 编程基础知识，为后续的学习和实践奠定坚实的基础。同时，教师也需要注重实践环节的设计，让学生在实践中不断加深对代码块与缩进的理解和应用能力。

二、注释的使用

在 Python 程序设计与应用教学中，注释是一项不可或缺的技能。注释不仅能够帮助开发者理解代码的功能和逻辑，还能提升代码的可读性和可维护性。因此，掌握注释的使用方法是每个 Python 程序员的基本素养。

（一）注释的基本概念与分类

注释是程序员在编写代码时添加的说明性文字，用于解释代码的功能、目的、实现方式等。在 Python 中，注释不会被解释器执行，仅供人类阅读。根据注释在代码中的位置和作用，我们可以将其分为单行注释和多行注释两种。

单行注释以井号 "#" 开头，从 "#" 开始到行尾的所有内容都被视为注释。单行注释通常用于解释单个语句或代码块的功能。

多行注释则是使用三个连续的单引号或双引号来包围一段文本，这段文本将被视为多行注释。多行注释常用于解释函数、类或其他复杂结构的功能和用法。

（二）注释的作用与意义

注释在 Python 编程中发挥着至关重要的作用。

首先，注释能够帮助开发者理解代码的功能和逻辑。通过阅读注释，开发者可以快速了解代码的目的和实现方式，从而更快地掌握代码的整体结构。

其次，注释能够提高代码的可读性和可维护性。清晰的注释能够使代码更加易于阅读和理解，从而降低出错的可能性。同时，当代码需要修改或维护时，注释能够提供有用的参考信息，帮助开发者更快地定位问题和解决问题。

此外，注释还有助于团队协作和代码交接。通过添加注释，开发者可以将自己的思路和想法记录下来，方便其他团队成员了解和理解代码。在进行代码交接时，注释也能够作为重要的参考资料，帮助接手者更快地熟悉和理解代码。

（三）注释的编写规范与技巧

在编写注释时，我们需要遵循一定的规范和技巧，以确保注释的质量和有效性。

首先，注释应该简洁明了，避免冗余和重复。注释应该直接针对代码本身进行解释和说明，避免使用模糊或含糊不清的语言。

其次，注释应该与代码保持同步更新。当代码发生变化时，相关的注释也应该及时更新，以确保注释的准确性和有效性。

再次，对于复杂的函数或类，我们可以使用文档字符串（docstring）来提供详细的说明和用法。文档字符串是一种特殊的多行注释，它会被 Python 解释器提取并用于生成文档或帮助信息。

最后，我们还需要注意注释的排版和格式。注释应该与代码保持一致的缩进和排版风格，以提高代码的整体美观性和可读性。

（四）注释的实践应用与案例分析

在实际的 Python 编程中，注释的应用场景非常广泛。下面我们将通过一些具体的案例来分析注释的实践应用。

假设我们正在编写一个计算斐波那契数列的函数。在这个函数中，我们可以使用注释来解释函数的输入参数、输出值及计算过程。这样，当其他开发者使用这个函数时，就能够快速地了解它的用法和原理。

另外，在编写复杂的程序或项目时，我们还可以在关键部分添加注释来解释程序的逻辑和思路。这些注释可以帮助我们和其他开发者更好地理解和维护代码。

同时，我们也可以通过阅读其他优秀的 Python 代码来学习如何编写高质量的注释。优秀的注释不仅能够清晰地解释代码的功能和逻辑，还能够提供有用的背景信息和设计思路。

注释在 Python 程序设计与应用教学中具有重要的作用和意义。通过掌握注释的基本概念、编写规范和实践应用技巧，我们可以编写出更加清晰、易读和可维护的 Python 代码。同时，注释也是团队协作和代码交接中不可或缺的一部分，它能够帮助我们更好地与他人合作和交流。

三、关键字与标识符

在 Python 程序设计与应用教学中，关键字与标识符是两个核心概念，对初学者来说，掌握这两个概念对于理解 Python 语法规则和编写高质量的代码至关重要。下面将从三个方面详细阐述关键字与标识符在 Python 编程中的重要性及其应用。

（一）关键字的概念与作用

关键字，又称为保留字，是 Python 语言中具有特殊含义的单词。这些单词被 Python 语言本身占用，具有固定的语法功能，不能用作变量名、函数名或其他标识符。Python 的关键字数量有限，且都是小写字母。常见的 Python 关键字包括：import、from、as、def、class、if、elif、else、for、while、try、except、finally 等。

关键字在 Python 编程中发挥着至关重要的作用。它们被用于定义程序的结构、控制程序的流程，以及实现各种功能。例如，使用 def 关键字可以定义一个函数，使用 class 关键字可以定义一个类，使用 if、elif 和 else 关键字可以实现条件判断等。因此，了解和掌握 Python 的关键字是编写合法和有效代码的基础。

在教学中，教师需要强调关键字的重要性和特殊性，让学生明白关键字不能被随意更改或替换。同时，教师可以通过实例演示关键字的用法，帮助学生理解关键字在程序中的作用。

（二）标识符的命名规则与规范

标识符是 Python 编程中用于标识变量、函数、类等实体的名称。在 Python 中，标识符的命名需要遵循一定的规则和规范。

首先，标识符只能由字母（A~Z 和 a~z）、数字（0~9）和下划线（_）组成。标识符不能以数字开头，也不能是 Python 的关键字。

其次，在命名标识符时，应遵循一定的规范，以提高代码的可读性和可维护性。通常，我们推荐使用有意义的名称来命名标识符，避免使用无意义的缩写或单个字符。同时，为了提高代码的可读性，我们可以使用下划线来分隔单词，如"first_name"而不是"firstname"。

最后，对于类名的命名，通常使用大驼峰命名法（每个单词的首字母都大写，如"MyClass"）；而对于函数和变量名的命名，则使用小驼峰命名法（第一个单词的首字母小写，后面单词的首字母大写，如"myFunction"）。

在教学中，教师需要详细解释标识符的命名规则和规范，并通过实例演示如何正确地命名标识符。同时，教师还可以提供一些练习，让学生在实际编程中体验标识符命名的过程，从而加深其对命名规则和规范的理解。

（三）关键字与标识符的实际应用

掌握关键字和标识符的概念及命名规则后，我们需要将它们应用到实际的 Python 编程中。

首先，在编写代码时，我们需要确保不把 Python 的关键字作为变量名、函数名或其他标识符。这是因为关键字具有特殊的语法功能，如果被用作标识符，会导致语法错误。

其次，我们需要遵循标识符的命名规范，选择有意义且易于理解的名称来命名变量、函数和类等。这有助于提高代码的可读性和可维护性，使其他开发者能够更容易理解我们的代码。

最后，在实际编程中，我们还需要注意避免命名冲突，即在同一作用域内，不应有相同名称的标识符。如果确实需要定义多个同名的标识符，可以通过使用不同的作用域（如函数内部或类内部）来实现。

在教学中，教师可以通过实际案例来展示关键字和标识符在 Python 编程中的应用。例如，可以编写一个简单的程序，让学生在实际编写代码的过程中体验关键字和标识符的使用方法和注意事项。同时，教师还可以通过代码审查的方式，帮助学生发现并纠正命名不规范或使用关键字作为标识符的问题。

关键字与标识符是 Python 编程中的基本概念和重要元素。了解和掌握这两个概念，对初学者来说至关重要。通过学习和实践关键字与标识符的命名规则和规范，我们可以编写出更加规范、易读和可维护的 Python 代码。

四、语句与表达式

在 Python 程序设计与应用教学中，语句与表达式是两个核心组成部分，它们共同构建了 Python 代码的基本结构和执行逻辑。对初学者来说，理解并掌握语句与表达式的概念及其用法，是编写高效、正确 Python 代码的关键。

（一）语句的概念与分类

语句是 Python 程序中的基本执行单元，它表示了一个完整的操作或指令。Python 中的语句可以是赋值语句、控制流语句、函数调用语句等。赋值语句用于将值赋给变量，如 x = 5；控制流语句用于控制程序的执行流程，如条件语句 if、循环语句 for 和 while 等；函数调用语句则用于调用函数执行特定任务。

在教学中，教师应首先介绍语句的基本概念，然后通过示例展示不同类型语句的语法和用法。通过练习和实践，学生可以逐渐掌握语句的编写和使用技巧。

（二）表达式的概念与组成

表达式是 Python 中由运算符和操作数组成的式子，用于计算并返回一个值。操作数可以是变量、常量或字面值，运算符则用于指定操作数之间的计算方式。Python 支持多种类型的运算符，包括算术运算符、比较运算符、逻辑运算符等。

在教学中，教师需要详细解释表达式的组成和计算过程，强调运算符的优先级和结合性，通过实际例子，让学生理解表达式的计算过程和结果。此外，教师还可以引导学生探索不同类型的表达式，如条件表达式和列表推导式等，以拓宽学生的编程视野。

（三）语句与表达式的关联与差异

语句和表达式在 Python 中密切相关，但也存在一定的差异。首先，语句是执行指令的基本单位，而表达式则用于计算并返回值。其次，语句通常不返回值（除了某些特殊类型的语句，如函数调用语句），而表达式总是返回一个值。最后，语句的语法结构相对固定，而表达式的形式则更加灵活多变。

在教学中，教师需要帮助学生理解语句与表达式之间的关联和差异，以免混淆。教师通过对比分析和实例演示，让学生明确两者在 Python 编程中的不同作用和应用场景。

（四）语句与表达式的应用实践

掌握语句与表达式的概念和用法后，学生需要在实践中加以应用。教师可以设计一些编程任务，让学生运用语句和表达式解决实际问题。例如：编写一个简单的计算器程序，利用表达式进行数值计算；或者实现一个排序算法，通过控制流语句和循环语句组织代码逻辑。

在应用实践中，学生还需要注意代码的可读性和可维护性。合理使用缩进、空格和注释等技巧，可以使代码结构清晰、易于理解。同时，也要遵循 Python 的编程规范和最佳实践，确保代码的质量和性能。

语句与表达式是 Python 程序设计与应用教学中的重要内容。通过学习和实践语句与表达式的概念和用法，学生可以掌握 Python 代码的基本结构和执行逻辑，为后续的编程学习和实践奠定坚实的基础。教师在教学过程中应注重理论与实践相结合，通过丰富的示例和练习帮助学生深入理解并掌握这两个核心概念。

五、代码风格与 PEP 8 规范

代码风格与 PEP 8 规范在 Python 程序设计与应用教学中是不可或缺的一部分。良好的代码风格不仅有助于提升代码的可读性和可维护性，还能够促进团队成员之间的协作和沟通。PEP 8 作为 Python 官方推荐的编码风格指南，为 Python 开发者提供了一套统一的编码规范。

（一）代码风格的重要性

代码风格是指编写代码时遵循的一系列规则和约定，它直接影响到代码的可读性和可维护性。良好的代码风格能够使代码结构清晰、逻辑分明，降低出错的可能性。

同时，一致的代码风格还有助于团队成员之间的协作，减少沟通成本。

在 Python 中，代码风格尤为重要。Python 作为一种解释型语言，其代码的可读性往往比编译型语言更为重要。因此，遵循一定的代码风格规范，对于提高 Python 代码的质量至关重要。

（二）PEP 8 规范的主要内容

PEP 8 是 Python Enhancement Proposal 8 的缩写，它是 Python 社区广泛接受的一套编码风格指南。PEP 8 规范涵盖了 Python 代码的多个方面，包括命名约定、代码布局、注释风格等。

在命名约定方面，PEP 8 规范了变量、函数、类等的命名规则，如使用小写字母和下划线组合来命名变量和函数，使用大驼峰命名法来命名类等。这些规则有助于提高代码的可读性，使代码更易于理解。

在代码布局方面，PEP 8 规定了缩进、空行、空格等的使用规则。例如：使用 4 个空格进行缩进，而不是制表符；在操作符两侧添加空格等。这些规则有助于保持代码的一致性和整洁性。

在注释风格方面，PEP 8 强调了注释的重要性，并提供了注释的编写规范。例如，注释应该简洁明了，避免冗余；对于复杂的代码块或函数，应该提供足够的注释来解释其功能和实现方式等。

（三）应用 PEP 8 规范的实践与技巧

在实际编程中，应用 PEP 8 规范需要掌握一些实践与技巧。

首先，要熟悉 PEP 8 规范的具体内容，了解其要求和约定。开发者可以通过阅读官方文档或相关书籍来深入了解 PEP 8 规范。

其次，要使用工具来辅助检查代码风格。Python 社区提供了许多代码风格检查工具，如 pylint、flake8 等。这些工具可以自动检查代码是否符合 PEP 8 规范，并给出相应的提示和建议。这些工具可以帮助开发者及时发现并纠正代码风格问题。

再次，要养成良好的编程习惯。在编写代码时，要时刻注意代码的可读性和可维护性，遵循 PEP 8 规范的要求；同时，也要尊重团队成员的代码风格习惯，在协作中保持代码风格的一致性。

最后，要持续学习和改进。Python 社区不断发展壮大，新的编码风格和最佳实践不断涌现。作为 Python 开发者，要持续关注社区动态，学习新的编码技巧和风格规范，不断提升自己的编程水平。

代码风格与 PEP 8 规范在 Python 程序设计与应用教学中具有重要地位。通过掌握良好的代码风格并遵循 PEP 8 规范，我们可以编写出更加清晰、易读和可维护的 Python 代码。在教学过程中，教师应该注重培养学生的代码风格意识，引导他们养成良好的编程习惯，为未来的职业发展奠定坚实基础。

第四节　变量、数据类型与运算符

一、变量的定义与使用

变量的定义与使用在 Python 程序设计与应用教学中是不可或缺的基础知识点。变量，简言之，是程序中用于存储数据的容器，它可以被赋予不同的值，并在程序的执行过程中进行各种操作。下面我们将从四个方面详细探讨 Python 中变量的定义与使用。

（一）变量的基本概念与命名规则

变量在 Python 中是一个标识符，用于指代程序中的数据。在定义变量时，我们需要遵循一定的命名规则。首先，变量名必须以字母或下划线开头，后面可以跟任意数量的字母、数字或下划线。其次，变量名是区分大小写的，如 myVariable 和 myvariable 是两个不同的变量。此外，Python 中的变量名不能使用 Python 的保留字，如 if for 等。

良好的变量命名习惯对于提高代码的可读性和可维护性至关重要。通常，我们会采用有意义的变量名，使其能够清晰地表达变量的用途或所存储的数据类型。同时，为了保持代码风格的一致性，也可以遵循一定的命名规范，如驼峰命名法或下划线命名法等。

（二）变量的数据类型与赋值

在 Python 中，变量没有固定的数据类型，可以根据所赋值的类型自动进行转换。Python 支持多种数据类型，包括整数、浮点数、字符串、列表、元组、字典等。我们可以通过赋值语句为变量赋予不同类型的值。例如：

```python
python
x = 10   # 整数类型
y = 3.14   # 浮点数类型
name = "Alice"    # 字符串类型
my_list = [1, 2, 3]  # 列表类型
```

在赋值过程中，Python 会根据等号右侧的值自动推断变量的数据类型，并将其存

储在变量中。这种动态类型的特点使得 Python 编程更加灵活和方便。

（三）变量的作用域与生命周期

变量的作用域指的是变量在程序中可以被访问的范围。根据定义位置的不同，变量可以分为局部变量和全局变量。局部变量是在函数或代码块内部定义的变量，它只能在定义它的函数或代码块内部被访问；而全局变量是在函数或代码块外部定义的变量，它可以在整个程序中被访问。

变量的生命周期指的是变量在程序中的存在时间。当变量被定义时，它会被分配一定的内存空间；当变量不再被使用时，其占用的内存空间会被自动释放。在 Python 中，我们不需要显式地管理变量的生命周期，因为 Python 的垃圾回收机制会自动处理不再使用的变量。

了解变量的作用域和生命周期对于避免程序中的错误和提高代码的可维护性至关重要。在编写程序时，我们应该注意变量的定义位置和使用范围，避免不必要的变量冲突和数据覆盖。

（四）变量的操作与运算

Python 提供了丰富的操作符和函数来对变量进行各种操作和运算。常见的操作符包括算术操作符（如加、减、乘、除等）、比较操作符（如等于、不等于、大于等）和逻辑操作符（如与、或、非等）。我们可以使用这些操作符对变量进行各种计算和判断操作。

此外，Python 还提供了许多内置函数和模块，可以对变量进行更复杂的处理和转换。例如，我们可以使用 len( ) 函数获取字符串或列表的长度，使用 str( ) 函数将其他类型的数据转换为字符串类型等。这些内置函数和模块大大扩展了 Python 对变量的处理能力，使得我们可以更加灵活地处理和分析数据。

综上，变量的定义与使用是 Python 程序设计与应用教学中的重要内容。通过掌握变量的基本概念与命名规则、数据类型与赋值、作用域与生命周期以及操作与运算等方面的知识，我们可以更好地利用变量来存储和处理数据，提高程序的效率和可读性。同时，在实际编程过程中，我们也应该注重培养良好的编程习惯和规范，以提高代码的质量和可维护性。

二、Python 的基本数据类型

在 Python 程序设计与应用教学中，理解并掌握基本数据类型是构建程序逻辑和功能的基础。基本数据类型决定了数据在内存中的存储方式，以及我们可以对它们执行的操作。

（一）数值类型

数值类型是 Python 中最基础的数据类型之一，用于表示数字。Python 支持多种数值类型，包括整数、浮点数和复数。

整数是没有小数部分的数字，可以是正数、负数或零。在 Python 中，整数的范围几乎是无限制的，可以表示非常大的数值。

浮点数则是带有小数部分的数字，用于表示实数。Python 中的浮点数通常是双精度浮点数，能够提供足够的精度来进行大多数数学运算。

此外，Python 还支持复数类型，其由实部和虚部组成，用于复数运算和科学计算。

（二）序列类型

序列类型是 Python 中一类有序的数据集合，包括字符串、列表和元组。

字符串是由一系列字符组成的不可变序列。在 Python 中，字符串是一种非常常用的数据类型，用于表示文本信息。字符串可以进行切片、连接、查找等操作，还支持各种字符串方法，如替换、分割等。

列表是一种可变序列，可以包含任意类型的元素，并且元素的类型可以不同。列表提供了丰富的操作和方法，如添加、删除、修改元素，以及排序、查找等操作。列表在 Python 编程中非常灵活，常用于存储和处理一组相关的数据。

元组与列表类似，也是有序的元素集合，但元组是不可变的。一旦元组被创建，就不能修改其内容。元组通常用于表示一组不需要修改的数据，如函数的返回值、多个值的组合等。

（三）映射类型

映射类型是 Python 中用于存储键值对的数据结构，最典型的是字典。

字典是一个无序的键值对集合，每个元素都由键和值两部分组成。通过键可以快速访问与之关联的值。字典的键必须是唯一的，并且必须是不可变类型，如整数、浮点数、字符串或元组。字典提供了丰富的操作和方法，如添加、删除、修改键值对以及遍历字典等。

字典在 Python 编程中非常有用，可以用于存储和管理各种数据。它可以根据键快速查找值，支持动态添加和删除元素，使数据处理变得更加灵活和高效。

Python 的基本数据类型包括数值类型、序列类型和映射类型。这些数据类型各具特色，提供了丰富的操作和方法，使得我们可以根据实际需求选择合适的数据类型来构建高效、稳定的 Python 程序。在实际编程过程中，我们应该根据数据的性质和使用场景来选择合适的数据类型，并充分利用这些数据类型提供的操作和方法来提高程序的效率和可读性。

三、复合数据类型

在 Python 程序设计与应用教学中，复合数据类型是构建复杂数据结构的关键。它们允许我们存储和操作多种类型的数据，以及组织这些数据之间的关系。复合数据类型在 Python 中扮演着至关重要的角色，它们使得程序能够处理更为复杂和多样的数据场景。

（一）列表（List）

列表是 Python 中最常用的复合数据类型之一，它是有序的元素集合，可以包含任意类型的对象，包括数字、字符串、其他列表等。列表是可变的，这意味着我们可以在运行时添加、删除或修改列表中的元素。

列表的基本操作包括索引、切片、追加、插入、删除等。通过索引，我们可以访问列表中的特定元素，切片则允许我们提取列表的子集，追加和插入操作可以在列表的末尾或指定位置添加新元素，删除操作则可以移除列表中的指定元素。

列表的灵活性使其成为处理一组相关数据的理想选择。例如，我们可以使用列表来存储学生的成绩、商品的库存量或网站的访问记录等。此外，列表还可以与其他数据类型结合使用，构建更复杂的数据结构。

（二）元组（Tuple）

元组与列表类似，也是有序的元素集合，但元组是不可变的。一旦元组被创建，其内容就不能被修改。元组的不可变性使得它在某些场景下非常有用，如作为字典的键或函数的返回值，因为它们不会被意外修改。

虽然元组不支持修改操作，但我们可以对元组进行切片、遍历和连接等操作。元组通常用于表示一组不需要修改的数据，如一组常量值或函数的参数列表。

（三）字典（Dictionary）

字典是 Python 中的另一种重要复合数据类型，它使用键值对的方式来存储数据。字典中的每个元素都由一个键和一个值组成，通过键可以快速地访问与之关联的值。

字典的键必须是唯一的，并且是不可变类型（如整数、浮点数、字符串或元组）；值则可以是任意类型的对象。字典的灵活性使得它非常适合用于存储结构化数据，如用户的个人信息、网站的配置项或产品的属性等。

字典提供了丰富的操作和方法，如添加键值对、修改值、删除键值对及遍历字典等。这使我们可以方便地操作字典中的数据，实现各种复杂的功能。

（四）集合（Set）

集合是 Python 中用于存储唯一元素的复合数据类型。集合中的元素没有特定的顺序，且每个元素都是唯一的。集合的主要用途是进行成员关系测试和消除重复元素。

集合支持多种操作，如交集、并集、差集等，这些操作使得集合在处理需要比较和筛选数据的场景时非常有用。例如，我们可以使用集合来找出两个列表中的共同元素、合并多个列表中的不重复元素等。

此外，集合还可以与其他数据类型结合使用，构建更复杂的数据结构。例如，我们可以使用字典的键作为集合，实现具有唯一键的数据结构；或者将列表中的元素转换为集合，以消除重复项并进行快速查找。

复合数据类型在 Python 程序设计与应用教学中扮演着至关重要的角色。列表、元组、字典和集合等复合数据类型提供了丰富的操作和方法，使得我们可以构建复杂的数据结构并处理多样化的数据场景。在实际编程过程中，我们应该根据数据的性质和使用场景选择合适的复合数据类型，并充分利用它们提供的操作和方法来提高程序的效率和可读性。同时，我们还需要注意复合数据类型之间的转换和关系，以便在需要时能够灵活地进行数据处理和操作。

四、运算符及其优先级

在 Python 程序设计与应用教学中，运算符及其优先级是构建表达式和逻辑判断的基础。运算符用于执行各种数学运算、比较操作及逻辑运算；而优先级则决定了当多个运算符出现在同一个表达式中时，它们的执行顺序。

（一）算术运算符

算术运算符主要用于执行数学运算，包括加法（＋）、减法（—）、乘法（×）、除法（/）和取模（%）等。这些运算符用于处理数值类型的数据，如整数和浮点数。

例如，我们可以使用算术运算符来计算两个数的和、差、积、商及余数。在 Python 中，除法运算符（/）返回的是浮点数结果，即使两个操作数都是整数。如果需要整数除法（丢弃小数部分），可以使用整除运算符（//）。

算术运算符的优先级按照先乘除后加减的规则进行，与数学中的运算顺序一致。此外，括号也可以用于改变运算符的优先级，使得表达式按照我们期望的顺序进行计算。

（二）比较运算符

比较运算符用于比较两个值的大小或相等性，返回布尔值（True 或 False）。这些运算符包括等于（==）、不等于（!=）、大于（>）、小于（<）、大于等于（>=）和小于等于（<=）。

比较运算符在条件判断、循环控制以及排序等场景中非常有用。它可以帮助我们根据数据的特性执行相应的操作或选择不同的执行路径。

需要注意的是，比较运算符的优先级通常低于算术运算符。这意味着在包含算术运算和比较运算的复杂表达式中，算术运算会先被执行。

（三）赋值运算符

赋值运算符用于将右侧的值赋给左侧的变量。在 Python 中，最基本的赋值运算符是等号（=）。此外，还有一些复合赋值运算符，如加等于（+=）、减等于（—=）、乘等于（*=）和除等于（/=）等。

复合赋值运算符可以在赋值的同时执行相应的算术运算，使得代码更加简洁和易读。例如，x += 1 等价于 x = x + 1，表示将 x 的值加 1 后再赋给 x。

赋值运算符的优先级非常低，通常低于算术运算符和比较运算符。这意味着在包含多个运算符的表达式中，赋值运算会最后被执行。

（四）逻辑运算符

逻辑运算符用于连接布尔值或返回布尔值，它们包括逻辑与（and）、逻辑或（or）和逻辑非（not）。这些运算符在条件判断、循环控制以及构建复杂逻辑表达式时非常有用。

逻辑与运算符要求所有操作数都为 True 时才返回 True，逻辑或运算符只要有一个操作数为 True 就返回 True，逻辑非运算符则对操作数取反。

逻辑运算符的优先级从高到低依次为：not > and > or。这意味着在包含多个逻辑运算符的表达式中，not 运算会先被执行，然后是 and 运算，最后是 or 运算。同样的，括号也可以用于改变逻辑运算符的优先级。

（五）位运算符

位运算符直接对整数类型操作数的二进制位进行操作，包括按位与（&）、按位或（|）、按位异或（^）、按位取反（~）、左移（<<）和右移（>>）。这些运算符在处理底层数据或优化性能时非常有用。

位运算符的优先级通常高于算术运算符和比较运算符，但低于括号和逻辑运算符。了解位运算符的优先级有助于我们正确编写包含位运算的复杂表达式。

运算符及其优先级是 Python 程序设计与应用教学中的重要内容。掌握各种运算符的用法和优先级规则，能够帮助我们编写出正确、高效且易于维护的 Python 代码。在实际编程过程中，我们应该根据具体需求选择合适的运算符，并注意运算符之间的优先级关系，以确保代码按照预期执行。同时，通过实践和练习，我们可以不断加深对运算符及其优先级的理解，提高编程技能和水平。

五、类型转换与类型判断

类型转换与类型判断在 Python 程序设计与应用教学中是不可或缺的一部分。类型转换指的是将一个数据类型转换为另一个数据类型的过程，而类型判断则是检查变量或值的数据类型。正确地进行类型转换和类型判断能够确保程序逻辑的正确性，提高代码的可读性和可维护性。

（一）类型转换的必要性

类型转换在 Python 编程中扮演着重要的角色。由于 Python 是一种动态类型语言，变量的类型在运行时可以发生变化，但在某些情况下，我们需要显式地将一个类型转换为另一个类型，以满足特定的需求。例如，当我们需要将用户输入的字符串转换为整数进行计算，或者将浮点数转换为整数以去除小数部分时，就需要进行类型转换。

此外，在调用函数或处理库函数时，也需要对参数或返回值进行类型转换，以确保它们与预期的数据类型相匹配。因此，了解并掌握 Python 中的类型转换方法是编写健壮和灵活程序的关键。

（二）Python 中的内置类型转换函数

Python 提供了一组内置的函数来进行类型转换，包括 int( )、float( )、str( )、list( )、tuple( )、dict( )、set( ) 等。这些函数允许我们将一种类型的数据转换为另一种类型。

例如，int( ) 函数可以将字符串或浮点数转换为整数，float( ) 函数可以将字符串或整数转换为浮点数，str( ) 函数则可以将其他类型的数据转换为字符串。同样的，list( )、tuple( )、dict( ) 和 set( ) 函数分别用于创建列表、元组、字典和集合类型的数据。

使用这些内置函数进行类型转换时，我们需要注意源数据的类型和目标类型的兼容性。如果源数据无法转换为目标类型，Python 将引发异常。因此，在进行类型转换之前，最好先进行类型判断，以确保转换的可行性。

（三）类型判断的方法

在 Python 中，我们可以使用 type( ) 函数或 isinstance( ) 函数来进行类型判断。type( ) 函数返回变量的数据类型，而 isinstance( ) 函数则用于检查一个对象是否是一个已知的类型。

使用 type( ) 函数进行类型判断时，我们可以将变量的类型与特定的类型进行比较。例如，type(x) is int 将检查变量 x 是否为整数类型。然而，这种方法在某些情况下可能不够灵活，因为它要求完全匹配类型。

相比之下，isinstance( ) 函数提供了更灵活的类型判断方式。它允许我们检查一个对象是否属于一个类型或其子类型。这使得我们可以更广泛地判断对象的类型，而不仅仅是完全匹配的类型。例如，isinstance[x, (int, float)] 将检查变量 x 是否为整数或浮点数类型。

通过结合使用 type( ) 和 isinstance( ) 函数，我们可以更准确地判断变量的类型，并根据需要进行相应的类型转换。

（四）类型转换与类型判断的应用场景

类型转换与类型判断在 Python 程序设计中有着广泛的应用场景。以下是一些常见的应用示例：

1. 用户输入处理：在处理用户输入时，我们通常需要将字符串转换为其他类型的数据进行计算或处理。例如，将用户输入的年龄转换为整数类型进行年龄验证。

2. 数据处理与分析：在数据处理和分析任务中，我们经常需要将不同类型的数据转换为统一的格式或类型，以便进行比较、计算或可视化。

3. 函数参数处理：在编写函数时，我们可能需要对传入的参数进行类型判断，并根据需要进行类型转换，以确保函数的正确执行。

4. 库函数与 API 调用：在调用外部库函数或 API 时，我们通常需要按照函数或 API 的要求提供特定类型的数据。这时，类型判断和转换就显得尤为重要。

通过掌握 Python 中的类型转换与类型判断方法，我们可以更加灵活地处理各种数据类型，提高程序的健壮性和可维护性。同时，在实际编程过程中，我们还应该根据具体需求选择合适的类型转换和类型判断方法，并注意处理可能出现的异常和错误情况。

第五节　输入输出与基本流程控制

一、输入函数 input( )

类型转换与类型判断在 Python 程序设计与应用教学中是不可或缺的重要环节。这两者不仅仅是数据处理的基本手段，更是保证程序逻辑正确、代码高效运行的基石。

（一）类型转换的意义

类型转换在 Python 编程中扮演着至关重要的角色。由于 Python 是一种动态类型语言，变量类型在程序运行过程中可以动态变化，但有时候我们需要将一种类型的数据转换为另一种类型，以满足特定的计算或处理需求。例如，将字符串转换为整数进行数学运算，或者将浮点数转换为字符串进行输出显示。

通过类型转换，我们可以实现数据的灵活处理和利用，提高程序的通用性和可扩展性。同时，类型转换也是程序设计中一种常见的优化手段，通过选择合适的数据类型，可以提高程序的运行效率和性能。

（二）Python 中的类型转换方法

Python 提供了多种内置函数和方法来实现类型转换。例如，int( ) 函数可以将字符串或浮点数转换为整数，float( ) 函数可以将字符串或整数转换为浮点数，str( ) 函数则可以将其他类型的数据转换为字符串。此外，还可以通过列表推导式、字典推导式等方式实现复杂数据结构的类型转换。

在进行类型转换时，我们需要注意目标类型的范围和精度限制，避免转换过程中的数据丢失或精度下降；同时，还需要注意源数据的类型和目标类型的兼容性，确保转换的正确性和可行性。

（三）类型判断的重要性

类型判断是 Python 程序设计中另一个重要的环节。通过类型判断，我们可以在程序运行时确定变量的数据类型，从而根据不同的数据类型执行不同的操作或逻辑分支。这有助于增强程序的灵活性和可扩展性，使程序能够适应不同类型的数据输入和处理需求。

Python 中提供了 type( ) 函数和 isinstance( ) 方法来进行类型判断。type（ ）函数返回变量的数据类型，而 isinstance( ) 方法则用于检查一个对象是否属于指定的类型或其子类型。通过使用这些方法，我们可以在程序中灵活地处理不同类型的数据，并根据需要进行相应的操作或转换。

（四）类型转换与类型判断的应用

类型转换与类型判断在 Python 程序设计中有着广泛的应用场景。在数据处理和分析领域，我们需要对不同类型的数据进行转换和比较，从而提取有用的信息或进行统计分析。在 Web 开发和网络编程中，我们需要处理来自不同源的数据，这些数据可能具有不同的类型和格式，因此需要进行类型转换和判断，以确保数据的正确性和一致性。

此外，在编写函数和类时，类型转换和类型判断也是必不可少的。通过对输入参数进行类型检查和转换，我们可以确保函数或方法的正确性和健壮性。同时，通过对返回值进行类型转换，我们可以提供更加灵活和便捷的接口供其他模块或系统使用。

总之，类型转换与类型判断是 Python 程序设计与应用教学中的重要内容。通过掌握这些方法和技术，我们可以更加灵活地处理各种数据类型，提高程序的健壮性和可维护性。同时，在实际编程过程中，我们还需要不断积累经验，学会根据不同的需求选择合适的数据类型和转换方法，以实现更加高效和可靠的程序设计。

二、输出函数 print( )

在 Python 程序设计与应用教学中，输出函数 print( ) 不仅是基础知识的核心内容，也是学习者理解程序执行流程、调试代码以及展示结果的关键工具。

（一）print( ) 函数的基本功能

print( ) 函数是 Python 中用于输出信息到控制台的基本函数。它可以接受一个或多个参数，并将这些参数的值打印到屏幕上。通过 print( ) 函数，学习者可以方便地查看变量的值、程序的执行结果及调试信息，从而加深其对程序逻辑和数据处理流程的理解。

（二）print( ) 函数在调试中的作用

在 Python 程序设计与应用过程中，调试是一个必不可少的环节。print( ) 函数在调试过程中发挥着至关重要的作用。通过在程序的关键位置插入 print( ) 语句，学习者可以观察变量的变化、跟踪程序的执行路径，从而定位并解决问题。此外，print( ) 函数还可以用于输出自定义的调试信息，帮助学习者更好地理解程序的运行状态和错误原因。

（三）print( ) 函数在数据展示中的应用

除了用于调试外，print( ) 函数还广泛应用于数据的展示和可视化。通过 print( ) 函数，学习者可以将处理后的数据以清晰、易读的方式呈现出来，便于分析和理解。例如，在处理文本数据时，可以使用 print( ) 函数输出文本的统计信息、关键词提取结果等；在处理数值数据时，可以使用 print( ) 函数输出计算结果、图表等可视化信息。这些输出结果不仅有助于学习者对数据的深入理解，还可以作为报告或演示的一部分，与他人分享研究成果。

（四）print( ) 函数与格式化输出的结合

在 Python 中，print( ) 函数还可以与格式化输出结合使用，实现更加灵活和美观的输出效果。通过格式化字符串，学习者可以控制输出的格式、精度及对齐方式等，使输出结果更加清晰、易读。此外，格式化输出还可以用于生成特定格式的文本文件或报告，以满足不同的应用需求。

（五）print( ) 函数的教学意义

在 Python 教学中，print( ) 函数的教学具有重要意义。首先，它有助于学习者建立正确的编程思维和数据处理观念，通过输出信息来观察和理解程序的运行过程。其次，通过实践使用 print( ) 函数，学习者可以培养调试和解决问题的能力，提高编程效率和准确性。此外，print( ) 函数的教学还可以促进学习者对 Python 语言特性的深入理解和应用，为后续学习打下坚实的基础。

print( ) 函数在 Python 程序设计与应用教学中具有举足轻重的地位。通过学习和掌握 print( ) 函数的基本功能、调试作用、数据展示应用以及格式化输出技巧，学习者可以更好地理解 Python 程序的执行流程、调试代码并展示结果，为后续的编程实践和应用奠定坚实的基础。因此，在 Python 教学中应充分重视 print( ) 函数的教学，并通过丰富的实例和实践操作来提高学习者的理解和应用能力。

三、条件语句 if-elif-else

在 Python 程序设计与应用教学中，条件语句 if-elif-else 占据着至关重要的地位。它允许程序根据特定的条件来执行不同的代码块，从而实现复杂的逻辑控制和流程分支。

（一）条件语句的基本概念与原理

if-elif-else 是 Python 中用于条件判断的基本语句结构。其中，if 语句用于检查一个条件是否为真，如果为真则执行相应的代码块；elif 是 "else if" 的缩写，用于提供额外的条件判断；else 语句则用于处理所有其他情况，即当所有 if 和 elif 条件都不满足时执行的代码块。这种结构使得程序能够根据不同的条件做出不同的响应，从而实现灵活的逻辑控制。

在 Python 教学中，理解并掌握 if-elif-else 语句的基本概念与原理是编程入门的基础。通过学习这一结构，学生可以理解程序如何根据条件进行分支执行，进而掌握控制程序流程的基本方法。这对于后续学习循环语句、函数、类等更高级的概念至关重要。

（二）条件语句在逻辑控制中的应用

if-elif-else 条件语句在逻辑控制中发挥着至关重要的作用。它允许程序根据复杂的条件和逻辑关系来执行不同的操作，从而实现各种功能需求：例如，在处理用户输入时，if-elif-else 语句可以根据用户的选择执行不同的功能；在进行数据处理时，它还可以根据数据的值进行筛选、分类或转换等操作。

在 Python 教学中，教师通过讲解 if-elif-else 语句在逻辑控制中的应用，可以帮助学生理解程序如何根据条件进行决策和分支执行。这有助于学生培养逻辑思维能力和问题解决能力，从而提高编程的灵活性和效率。同时，通过实际案例和练习，学生可以学会如何根据具体需求设计合理的条件判断逻辑，从而编写出更加健壮和可靠的程序。

（三）条件语句在错误处理与异常捕获中的作用

除了用于逻辑控制外，if-elif-else 条件语句在错误处理与异常捕获中也发挥着重要作用。在程序运行过程中，可能会遇到各种错误和异常情况，如输入错误、数据类型不匹配、文件不存在等，通过使用条件语句来检查潜在的错误条件，并在检测到错误时执行相应的错误处理代码，可以有效地避免程序崩溃或产生不可预测的结果。

在 Python 教学中，强调条件语句在错误处理中的重要性可以帮助学生养成良好的编程习惯。教师通过教授如何使用条件语句来检查潜在错误并进行处理，可以帮助学生提高程序的健壮性和稳定性；同时，还可以引导学生了解 Python 的异常处理机制，如 try-except 语句块，以便其更全面地掌握错误处理技巧。

if-elif-else 条件语句在 Python 程序设计与应用教学中具有举足轻重的地位。通过深入理解这一结构的基本概念与原理，并学会在逻辑控制和错误处理中灵活应用它，学生可以编写出更加健壮、可靠和高效的程序。因此，Python 教学应充分重视 if-elif-else 条件语句的教学，并通过丰富的实践练习来加深学生的理解和应用能力。

需要注意的是，虽然本书未涉及具体的案例和代码，但在实际教学过程中，教师应结合具体的编程任务和项目实践来讲解 if-elif-else 条件语句的应用，以便让学生更好地理解和掌握这一重要概念。同时，还应注重培养学生的逻辑思维能力和问题解决能力，引导他们将所学知识应用于实际编程中，从而不断提高其编程水平和能力。

四、循环语句 for 和 while

在 Python 程序设计与应用教学中，循环语句 for 和 while 占据着举足轻重的地位。它们允许程序重复执行特定的代码块，从而实现批量处理、数据迭代和复杂计算等功能。

（一）循环语句的基本概念与特点

for 和 while 是 Python 中两种常用的循环语句。for 循环通常用于遍历序列（如列表、元组、字符串等）或其他可迭代对象，对每一个元素执行相同的操作；而 while 循环则根据给定的条件判断是否继续执行循环体，只要条件为真，循环就会一直进行下去。

在 Python 教学中，需要先向学生介绍这两种循环语句的基本概念和使用方法，包括循环变量的定义、循环条件的设置以及循环体的编写等。通过理解循环语句的特点和原理，学生可以初步掌握如何使用循环来处理重复性的任务，从而提高编程效率。

（二）循环语句在数据处理中的应用

数据处理是编程中常见的任务之一，而循环语句在数据处理中发挥着至关重要的作用。通过使用循环语句，我们可以轻松地遍历数据集，对数据进行筛选、转换和计算等操作。例如，可以使用 for 循环遍历列表中的每个元素并进行求和、求平均值等计算，也可以使用 while 循环结合条件判断来筛选符合特定条件的数据。

在 Python 教学中，教师可以通过具体的数据处理案例，帮助学生理解循环语句在数据处理中的应用场景和优势。同时，教师还可以引导学生探索不同的数据处理方法，培养他们的数据处理能力和创新思维。

（三）循环语句在算法实现中的重要性

算法是计算机程序的灵魂，而循环语句则是实现算法的关键工具之一。许多经典的算法，如排序算法、搜索算法、递归算法等，都离不开循环语句的支持。通过使用循环语句，我们可以实现算法的迭代和递归过程，从而解决各种复杂的计算问题。

在 Python 教学中，应注重引导学生理解算法与循环语句之间的关系，并学会使用循环语句来实现各种算法。通过实践编写算法程序，学生可以深入理解算法的原理和实现过程，从而提高他们的问题解决能力和编程水平。

（四）循环语句的优化与控制

虽然循环语句在编程中非常有用，但如果不加以控制和优化，也可能导致程序运行效率低下或出现错误的问题。因此，在 Python 教学中，教师还需要向学生介绍循环语句的优化和控制方法。

一方面，计算机程序可以通过优化循环条件、计算机程序减少循环次数、使用更高效的算法等方式来提高循环语句的执行效率。另一方面，计算机程序还可以通过设置合理的循环终止条件、使用异常处理机制等方式来控制循环的执行过程，避免程序出现死循环或异常退出等问题。

此外，教师还可以引导学生了解 Python 中其他与循环相关的概念和工具，如迭代器、生成器等，丰富他们的编程知识和技能。

循环语句 for 和 while 在 Python 程序设计与应用教学中具有不可或缺的地位。通过深入理解循环语句的基本概念、特点和应用场景，并学会在数据处理、算法实现等方面进行应用和优化，学生可以编写出更加高效、健壮和灵活的 Python 程序。因此，Python 教学应充分重视循环语句的教学，并通过丰富的实践练习来加深学生的理解和应用能力。

五、流程控制语句 break 和 continue

在 Python 程序设计与应用教学中，流程控制语句 break 和 continue 起着至关重要的作用，为程序员提供了在循环内部进行条件控制的能力，使得程序能够根据特定的条件改变其执行流程。

（一）break 和 continue 的基本概念

break 和 continue 是 Python 中用于控制循环流程的特殊语句。break 语句用于在循环中设置一个退出点，当满足特定条件时，程序将立即跳出循环体，不再执行后续的循环迭代；而 continue 语句则用于跳过当前循环迭代中的剩余代码，直接进入下一次迭代。

在 Python 教学中，首先要让学生理解这两个语句的基本概念和工作原理。其次，通过清晰解释它们的含义和用途，帮助学生建立起流程控制的意识，为后续的学习和实践打下坚实基础。

（二）break 和 continue 在循环控制中的作用

break 和 continue 语句在循环控制中发挥着重要作用。它们允许程序员根据实际需求，灵活调整循环的执行流程。通过使用 break 语句，我们可以提前终止循环，避免不必要的迭代；而 continue 语句则可以帮助我们跳过某些不需要处理的迭代，提高程序的执行效率。

在 Python 教学中，教师应强调这两个语句在循环控制中的应用场景和优势，通过举例和解释，让学生明白如何在不同情况下合理使用 break 和 continue，以实现更高效的循环处理。

（三）break 和 continue 与循环嵌套的结合使用

当循环结构嵌套使用时，break 和 continue 语句的作用会变得更加复杂和有趣。在嵌套循环中，break 语句会终止最内层循环的执行，并跳出整个嵌套循环结构；而 continue 语句则只影响当前层的循环迭代，不影响外层循环。

在 Python 教学中，教师应注重引导学生理解 break 和 continue 在嵌套循环中的行为特点，通过实例分析和练习，帮助学生掌握如何在嵌套循环中正确使用这两个语句，进而实现复杂的流程控制需求。

（四）break 和 continue 在错误处理和异常管理中的应用

除了用于控制循环流程外，break 和 continue 语句还可以在错误处理和异常管理中发挥一定作用。在某些情况下，当循环中遇到错误或异常时，我们可以使用 break 语句提前终止循环，避免程序崩溃或产生不可预测的结果。同时，continue 语句也可以用于跳过可能导致错误的迭代，确保程序的稳定运行。

在 Python 教学中，教师应向学生介绍这两个语句在错误处理和异常管理中的应用方法，通过分析和讨论实际案例，帮助学生学会如何在程序设计中合理使用 break 和 continue 语句来增强程序的健壮性和稳定性。

（五）培养学生正确使用 break 和 continue 的编程习惯

在 Python 教学中，我们还应注重培养学生正确使用 break 和 continue 的编程习惯。要引导学生理解这两个语句并不是随意使用的"魔法棒"，而是需要谨慎考虑其使用条件和效果的工具。在使用 break 和 continue 时，学生应充分考虑程序的逻辑性和可读性，避免产生混乱或难以理解的代码结构。

同时，教师还应鼓励学生多进行实践练习，通过不断尝试和修正错误，逐渐掌握这两个语句的使用技巧。只有在不断的实践中，学生才能真正理解 break 和 continue 的重要性，并能够在自己的程序设计中灵活运用它们。

break 和 continue 语句在 Python 程序设计与应用教学中具有不可忽视的重要性。通过深入理解和正确应用这两个语句，学生可以更好地掌握循环控制技巧，提高程序的执行效率和稳定性。因此，Python 教学应充分重视这两个语句的教学，并通过丰富的实践练习来提高学生的理解和应用能力。

第二章　Python 的语言特性与优势

第一节　Python 的简洁性与可读性

一、简洁的语法

Python 程序设计与应用教学简洁的语法是吸引学生、提高教学效率的重要优势之一。Python 的语法设计直观易懂，降低了编写代码时的复杂性，使得初学者能够更快地掌握编程基础。

（一）易于阅读和理解的语法结构

Python 的语法结构清晰明了，符合人类自然语言的思维方式，使得代码易于阅读和理解。相较于其他编程语言，Python 的缩进规则使得代码块结构更加直观，减少了由于括号不匹配或遗漏导致的错误。这种简洁性不仅提高了代码的可读性，还有助于培养学生的编程逻辑思维。在教学中，教师可以利用 Python 的这一特点，引导学生逐步理解并掌握编程的基本概念，为后续的学习打下坚实基础。

此外，Python 的关键字和函数命名也遵循简洁明了的原则，使得学生在理解和使用时能够迅速掌握其含义。这种易于理解的语法结构有助于降低学生的学习难度，提高学习兴趣和积极性。

（二）简化编程任务的语法特性

Python 的语法特性使编程任务得以简化，提高了编程效率。例如，Python 支持多种数据类型和运算符，使数据处理和计算变得简单快捷。同时，Python 还提供了丰富的内置函数和模块，使得开发者无须编写大量的底层代码便能够轻松实现各种功能。这些语法特性在程序设计与应用教学中发挥着重要作用。

通过教授这些语法特性，教师可以帮助学生快速掌握 Python 编程的基本技能，并在实践中运用这些技能解决实际问题。这种教学方式不仅增强了学生的学习效果，还培养了学生的实践能力和创新思维。

（三）适应不同编程需求的语法灵活性

Python 的语法具有高度的灵活性，能够适应不同的编程需求。无论是编写简单的脚本程序还是构建复杂的应用程序，Python 都能够提供合适的语法支持。这种灵活性使得 Python 在程序设计与应用教学中具有广泛的应用场景。

在教学中，教师可以根据学生的兴趣和需求，设计不同层次的编程任务，引导学生逐步深入掌握 Python 的语法和编程技巧。通过实践项目的开展，学生可以充分体验到 Python 语法的灵活性和实用性，进一步提升编程能力和解决问题的能力。

Python 简洁的语法在程序设计与应用教学中具有显著的核心优势。其易于阅读和理解的语法结构、简化编程任务的语法特性以及适应不同编程需求的语法灵活性，使得 Python 成为初学者和进阶学习者理想的编程语言。在教学过程中，教师应充分利用 Python 的这些优势，帮助学生快速掌握编程基础、提高编程能力，为未来的职业发展奠定坚实基础。同时，教师还应注重培养学生的编程逻辑思维和实践能力，引导他们不断探索和创新，在 Python 编程领域取得更大的成就。

二、缩进代替大括号

在 Python 程序设计与应用教学中，缩进代替大括号的概念是一个至关重要的教学内容。它不仅是 Python 语言语法特点的一部分，而且是提高学生代码可读性和维护性的重要手段。

（一）缩进规则与代码块定义

Python 使用缩进来定义代码块，而不是像其他语言那样使用大括号。这种设计使得代码结构更加清晰、易于理解。在教学中，教师应首先向学生解释缩进规则，包括缩进层级、空格数等，并强调缩进在 Python 中的重要性。通过对比使用大括号和缩进的代码示例，让学生直观感受两者在代码结构上的差异，从而理解缩进在 Python 中的独特作用。

（二）提高代码的可读性

使用缩进代替大括号可以有效提高代码的可读性。适当的缩进可以使代码块之间的层次关系一目了然，减少阅读和理解代码的难度。在教学中，教师可以通过展示不同缩进风格的代码示例，引导学生讨论哪种风格更易于阅读和理解。同时，教师还可以教授学生如何调整编辑器的缩进设置，以便使其更好地适应自己的编程习惯。

（三）避免语法错误

由于 Python 严格依赖缩进来定义代码块，因此不正确的缩进会导致语法错误。这便要求学生在编写代码时必须注意缩进的一致性。在教学中，教师可以通过设置一些故意包含缩进错误的练习题目，让学生在实际操作中感受缩进的敏感性。同时，教师还应提醒学生在使用 IDE 或文本编辑器时，开启自动缩进功能，以减少因缩进错误导致的语法问题。

（四）培养编程规范意识

缩进的使用不仅关系着代码的语法正确性，还体现了编程者的规范意识。在教学中，教师应强调缩进在编程规范中的重要性，并引导学生养成良好的缩进习惯。例如，可以制定一些具体的缩进规则，如使用 4 个空格作为一级缩进，确保同一代码块内的缩进层级一致等。通过长期的实践和训练，学生可以逐渐养成规范的缩进习惯，提高代码质量和可读性。

（五）跨平台兼容性考虑

Python 的缩进规则在不同的操作系统和文本编辑器中都能保持一致，这使得 Python 代码具有很好的跨平台兼容性。在教学中，教师可以向学生介绍不同操作系统和编辑器中的缩进设置方法，并强调在编写代码时考虑到跨平台兼容性的重要性。通过让学生在实际操作中体验不同平台间的代码迁移和编辑过程，帮助他们更好地理解和应用缩进规则。

缩进代替大括号是 Python 程序设计与应用教学中的一个重要概念。通过深入讲解缩进规则、提高代码可读性、避免语法错误、培养编程规范意识以及考虑跨平台兼容性等方面，教师可以帮助学生更好地理解和掌握这一概念，并在实际编程中灵活运用。同时，教师还应注重培养学生的实践能力和创新思维，引导他们不断探索 Python 编程的奥秘和乐趣。

三、易读的命名规则

在 Python 程序设计与应用教学中，易读的命名规则是提升代码可读性、可维护性和协作效率的关键要素。一个优秀的命名规则不仅有助于程序员理解代码的功能和意图，还能在一定程度上降低错误率，提升开发效率。

（一）变量与函数命名的直观性

变量和函数是程序设计的基石，它们的命名应当直观明了，能够准确反映其代表的含义或执行的操作。在 Python 教学中，应强调使用描述性强的名称，避免使用缩写或简写，除非这些缩写在特定领域或上下文中广为人知。例如，使用 total_score 代替 ts，使用 calculate_average 代替 cal_avg。这样的命名方式使得代码更易于阅读和理解，减少了因名称不明确而导致的误解和错误。

此外，变量和函数的命名应遵循一定的规范，如使用小写字母和下划线组合的方式（snake_case）。这种规范有助于保持代码风格的一致性，提高代码的可读性。

（二）类与模块命名的规范性

在 Python 中，类和模块的命名应遵循不同的规范。类名通常采用驼峰命名法（CamelCase），即每个单词的首字母大写，其余字母小写。这种命名方式有助于区分类名和其他类型的标识符。同时，模块名应简短、明确，尽量使用小写字母和下划线。模块名应反映模块的主要功能或内容，以便于其他程序员理解和使用。

在 Python 教学中，应强调类与模块命名的重要性，引导学生遵循规范的命名方式。通过实践练习和案例分析，帮助学生掌握正确的命名技巧，提高代码质量。

（三）命名中的语义化与避免歧义

语义化命名是指通过名称传达变量的含义或用途。在 Python 编程中，我们应该尽量使用具有描述性的名称，使代码能够自我解释。例如，使用 employee_name 而不是 en 或 nm，这样即使在不查看文档或注释的情况下，也能大致理解变量的用途。

同时，要避免使用可能引起歧义的命名。比如，I 和 O 等字母由于与数字"1"和"0"相似，容易引发混淆，因此应避免作为变量名。此外，不应使用 Python 的保留字或内置函数名作为变量名，以免引发语法错误或意外的行为。

（四）命名一致性与代码风格指南

保持命名的一致性对于代码的可读性和可维护性至关重要。在 Python 教学中，应强调代码风格的重要性，并引导学生遵循一定的代码风格指南，如 PEP 8。PEP 8 是 Python 官方推荐的代码风格指南，其中包含了关于命名的详细建议。

遵循 PEP 8 等代码风格指南，可以确保代码在不同开发者之间保持一致性，提高团队协作效率；同时，也有助于减少因命名不一致而导致的混淆和错误。

易读的命名规则是 Python 程序设计与应用教学中的关键要素。通过强调变量与函数命名的直观性、类与模块命名的规范性、命名中的语义化与避免歧义以及命名一致性与代码风格指南等方面的教学，可以帮助学生掌握正确的命名技巧，提高代码质量和可读性。这将有助于学生在未来的编程实践中更加高效地完成任务、减少错误率，并提升其与团队成员之间的协作效率。

四、内置文档字符串

在 Python 程序设计与应用教学中，内置文档字符串是一个不容忽视的重要环节。文档字符串，通常简称为 docstring，为 Python 代码提供了内置的文档功能，这对于提升代码的可读性、可维护性，以及促进代码开发者的交流具有重大意义。

(一) 文档字符串的概念与功能

文档字符串，即在 Python 函数、类或模块定义的首行使用的三引号括起来的字符串。它是 Python 的一种特殊注释形式，用于解释说明代码的功能、参数、返回值等信息。通过文档字符串，开发者可以在不阅读代码实现细节的情况下，快速了解代码的主要功能和用法。

在 Python 教学中，首先应向学生介绍文档字符串的概念和功能，让他们明白其对于代码可读性和可维护性的重要性。然后通过简单的示例和讲解，帮助学生理解文档字符串的编写规范和使用方法。

(二) 文档字符串与代码可读性

文档字符串能够显著提高代码的可读性。通过为函数、类和模块添加文档字符串，我们可以清晰地描述它们的功能、参数和返回值，使得其他开发者在阅读代码时能够更快地理解其含义和用法。这对于团队协作和代码维护非常有利。

在教学中，可以通过对比有文档字符串和无文档字符串的代码示例，让学生直观地感受到文档字符串对代码可读性的提升。同时，鼓励学生养成在编写代码时添加文档字符串的好习惯，以提高代码的可读性和可维护性。

(三) 文档字符串与自动文档生成

Python 的文档生成工具（如 Sphinx）能够自动提取代码中的文档字符串，生成格式化的文档。这使得我们可以轻松地生成代码的 API 文档，方便其他开发者查阅和使用。

在教学中，可以向学生介绍如何使用文档生成工具，让他们了解如何通过文档字符串自动生成文档。这不仅可以帮助学生提高文档编写的效率，还能让他们体验到自动化工具的便利性和实用性。

(四) 文档字符串与代码维护

随着项目的不断发展和代码的更新迭代，文档字符串在代码维护中发挥着越来越重要的作用。当代码发生变动时，我们可以通过更新文档字符串来反映这些变化，保持文档与代码的一致性。这对于后续的代码维护者非常有帮助，他们可以通过查阅文档字符串快速了解代码的最新状态和功能。

在教学中，应强调文档字符串在代码维护中的重要性，并教授学生如何根据代码变动更新文档字符串。通过实际案例和练习，让学生掌握这一技能，提高代码维护的效率和质量。

（五）文档字符串与编程规范

编写文档字符串也是编程规范的一部分。在 Python 中，遵循一定的编程规范可以提高代码的可读性和可维护性，也有助于与其他开发者进行交流和协作。因此，在教学中，应向学生介绍 Python 编程规范中关于文档字符串的编写要求，如格式、内容等，并引导学生遵守这些规范。

此外，还可以通过布置相关作业和练习，让学生在实践中掌握文档字符串的编写技巧和规范。通过不断地练习和反馈，帮助学生养成良好的编程习惯和规范意识。

内置文档字符串是 Python 程序设计与应用教学中的重要环节。通过教学和实践，我们可以帮助学生掌握文档字符串的概念和功能，提高他们的代码可读性和可维护性，促进团队协作和交流。因此，在教学中应充分重视文档字符串的教学和应用，为培养学生的编程素养和能力打下坚实基础。

五、代码风格一致性

在 Python 程序设计与应用教学中，强调代码风格一致性是至关重要的。代码风格的一致性不仅能提升代码的可读性、降低维护成本，还能促进团队成员之间的有效协作。

（一）代码风格一致性与可读性提升

代码风格一致性是提升代码可读性的关键。一致的代码风格使得代码块之间界限分明，易于区分和理解。在 Python 中，常见的代码风格规范包括缩进规则、命名规范、空格使用等。遵循这些规范，可以确保代码呈现出一种统一的外观，使得读者能够更快速地把握代码的结构和逻辑。

在教学中，教师应注重引导学生理解代码风格一致性的重要性，并教授他们如何遵循 Python 的官方代码风格指南 PEP 8。通过强调缩进层级、空格使用、命名约定等细节，教师可以帮助学生形成良好的代码风格习惯，提升他们所编写代码的可读性。

（二）代码风格一致性与维护效率提高

代码风格一致性对于提高代码维护效率至关重要。当代码风格一致时，维护人员可以更容易地理解和修改代码，减少了因风格差异导致的混淆和错误。此外，一致的代码风格还有助于自动化工具的使用，如代码格式化工具、静态分析工具等，这些工具能够自动检查和调整代码风格，进一步提高维护效率。

在教学中，教师应强调代码风格一致性对维护效率的影响，并教授学生如何使用自动化工具来保持代码风格的一致。通过实践演练和案例分析，学生可以更深刻地理解代码风格一致性在维护过程中的重要性，并学会利用工具提高维护效率。

（三）代码风格一致性与团队协作促进

代码风格一致性在团队协作中扮演着重要角色。当团队成员遵循相同的代码风格规范时，他们可以更容易地理解彼此的代码，减少沟通成本。一致的代码风格还能增强团队凝聚力，使得团队成员更愿意共享和协作编写代码。

在教学中，教师应注重培养学生的团队协作意识，并强调代码风格一致性在团队协作中的重要性。通过组织小组讨论、代码审查等活动，教师可以帮助学生了解不同代码风格对团队协作的影响，并引导他们形成统一的代码风格规范。此外，教师还可以鼓励学生参与开源项目或实际项目实践，让他们在实践中体验代码风格一致性对团队协作的促进作用。

代码风格一致性在 Python 程序设计与应用教学中具有举足轻重的地位。通过提升代码可读性、提高维护效率以及促进团队协作，代码风格一致性能够为学生未来的编程实践奠定坚实基础。因此，在教学中，教师应充分重视代码风格一致性的教学，通过引导、示范和实践等方式，帮助学生形成良好的代码风格习惯，为他们的编程之路铺平道路。同时，教师还应关注行业动态和最新技术趋势，不断更新教学内容和方法，确保学生能够学到最新、最实用的 Python 编程知识和技能。

第二节　Python 的动态类型与灵活性

一、动态类型系统

在 Python 程序设计与应用教学中，动态类型系统是一个核心概念，它对于理解 Python 语言的特性和编写高效、灵活的代码至关重要。动态类型系统赋予了 Python 强大的灵活性和易用性，使得开发者能够更专注于问题的解决而非语言的细节。

（一）动态类型系统的基本概念与特性

动态类型系统是指在运行时才确定变量类型的系统。与静态类型系统相比，动态类型系统不需要在编译时声明变量类型，而是在运行时根据变量的值自动推断其类型。这种特性使得 Python 代码更加简洁、易读，同时也减少了因类型错误而导致的编译错误。

在 Python 教学中，首先应向学生介绍动态类型系统的基本概念和特性，帮助他们理解 Python 语言的这一重要特点。然后通过对比静态类型系统和动态类型系统的差异，学生可以更加深入地理解 Python 的动态类型系统是如何工作的，以及它的优势和局限性。

（二）动态类型系统与代码简洁性

动态类型系统使得 Python 代码更加简洁。在 Python 中，我们不需要显式地声明变量的类型，只需直接赋值即可。这种简洁性不仅减少了代码的冗余，还提高了代码的可读性。

在教学中，可以通过一些简单的示例来展示 Python 代码的简洁性。例如，对比 Python 和 Java 等静态类型语言在声明变量和函数参数时的差异，让学生感受到 Python 的动态类型系统带来的便利。

（三）动态类型系统与代码灵活性

动态类型系统赋予了 Python 代码高度的灵活性。由于变量类型在运行时确定，因此可以在程序中随时改变变量的类型。这种灵活性使得 Python 能够轻松应对各种复杂的场景和需求变化。

在教学中，教师可以引导学生思考一些需要动态改变变量类型的场景，并讨论如何在 Python 中实现这些功能。通过实际案例的分析和讨论，学生可以更加深入地理解动态类型系统对代码灵活性的贡献。

（四）动态类型系统的挑战与应对策略

尽管动态类型系统带来了诸多优势，但也存在一些挑战。其中最主要的问题是可能导致运行时类型错误。由于没有编译时的类型检查，一些在静态类型语言中能够提前发现的问题可能会在 Python 中运行时才暴露出来。

在教学中，教师应向学生强调动态类型系统的这一潜在风险，并教授他们一些应对策略。例如，可以通过使用类型提示（type hints）来提供类型信息，帮助开发者更好地理解和维护代码；同时，也可以通过编写单元测试和使用调试工具来提前发现和修复潜在的类型错误。

此外，教师还应引导学生理解动态类型系统与其他语言特性的关系，如鸭子类型（duck typing）等。鸭子类型强调对象的行为而不是其类型，这与动态类型系统的理念相契合。通过理解这些概念之间的联系，学生可以更加全面地掌握 Python 的动态类型系统。

动态类型系统是 Python 程序设计与应用教学中的重要内容。通过深入理解动态类型系统的基本概念、特性、优势以及挑战与应对策略，学生可以更好地掌握 Python 语言的精髓，编写出高效、灵活且易于维护的代码。因此，在教学中教师应充分重视动态类型系统的讲解和实践，帮助学生充分发挥 Python 语言的优势。

二、支持多种编程范式

Python 作为一种高级编程语言，其显著特点之一便是支持多种编程范式，包括面向对象编程、函数式编程、过程式编程以及混合编程范式等。这种多样性不仅为开发者提供了灵活的选择，也使得 Python 在程序设计与应用教学中成了一个极具价值的工具。

（一）多种编程范式带来的教学优势

Python 支持多种编程范式，为程序设计与应用教学带来了显著的优势。

首先，这种多样性有助于学生理解不同编程范式的概念和特点，从而拓宽他们的编程视野。通过对比学习，学生可以更加深入地理解各种编程范式的优缺点，并在实际编程中灵活运用。

其次，多种编程范式的教学有助于培养学生的编程思维。不同的编程范式强调不同的编程理念和思维方式，通过学习和实践这些范式，学生可以逐渐形成自己的编程风格和思维模式，提高编程能力。

最后，多种编程范式的教学也有助于提高学生的就业竞争力。在现实中，不同的项目和应用场景可能需要采用不同的编程范式。掌握多种编程范式的学生将更具适应性和灵活性，在就业市场上更具竞争力。

（二）面向对象编程范式的教学探索

面向对象编程（OOP）是 Python 支持的一种重要编程范式，也是程序设计与应用教学中的重点内容。OOP 强调将现实世界的事物抽象为对象，通过类和对象的概念来组织和管理代码。在教学中，教师应注重引导学生理解 OOP 的基本概念和原理，包括类、对象、继承、封装和多态等。通过实践项目，学生可以学习如何设计类、创建对象、实现继承关系以及使用多态特性来构建灵活和可维护的代码。

（三）函数式编程范式的教学实践

函数式编程（FP）是另一种 Python 支持的编程范式，它强调将计算视为一系列函数的组合。FP 注重避免状态变化和共享状态，通过高阶函数、纯函数、不可变数据以及递归等概念来实现代码的简洁性和模块化。在教学中，教师可以介绍 FP 的基本概念和特性，并引导学生尝试使用 FP 的方式来解决问题。通过实践练习，学生可以学习如何编写纯函数、使用高阶函数以及处理不可变数据等技巧，从而体验到 FP 带来的简洁性和优雅性。

（四）过程式编程范式的基础教学

虽然过程式编程在现代编程中相对较为传统，但它在 Python 中仍然占据着一定的地位。过程式编程强调通过一系列的过程或函数调用来执行程序，注重流程和顺序的控制。在教学中，过程式编程可以作为学生编程入门的基础，帮助他们理解基本的程序结构和控制流。通过教授基本的流程控制语句（如条件语句和循环语句），教师可以帮助学生建立起扎实的编程基础，为后续学习更高级的编程范式做好准备。

（五）混合编程范式的灵活应用教学

在实际编程中，往往需要根据项目的需求和特点灵活选择和使用不同的编程范式。因此，在 Python 程序设计与应用教学中，教师应注重培养学生混合使用多种编程范式的能力。通过综合实践项目，学生可以学习如何根据不同的场景选择合适的编程范式，并将它们有效地结合起来实现复杂的功能。这种灵活应用多种编程范式的能力将使学生在未来的编程工作中更具竞争力和适应性。

Python 支持多种编程范式为程序设计与应用教学带来了丰富的内容和机会。通过充分利用这些编程范式的教学优势和实践机会，教师可以帮助学生更好地理解和掌握 Python 编程语言，进而提升他们的编程能力和思维水平。同时，这也将为学生未来的职业发展和创新实践奠定坚实的基础。

三、强大的反射机制

在 Python 程序设计与应用教学中，反射机制是一个不可或缺的重要概念。反射机制允许程序在运行时检查、修改甚至创建对象的行为，为开发者提供了极大的灵活性和动态性。

（一）反射机制的基本概念与原理

反射机制，也被称为自省机制，是 Python 等动态语言的一个重要特性。它允许程序在运行时获取对象的信息，如对象的类型、属性、方法等，并可以根据这些信息执行相应的操作。反射机制的实现主要依赖于 Python 内置的一些函数和模块，如 type( )、dir( )、getattr( )、setattr( ) 和 delattr( ) 等。

在 Python 程序设计与应用教学中，首先要向学生介绍反射机制的基本概念和原理，帮助他们理解反射机制是如何工作的。通过讲解反射机制的实现原理和常用函数，学生可以逐渐掌握这一强大工具的使用方法。

（二）反射机制在程序设计中的应用

反射机制在程序设计中有着广泛的应用。它可以帮助开发者在运行时动态地创建和修改对象的行为，从而实现更加灵活和可扩展的程序。

首先，反射机制可用于实现插件式架构。通过反射机制，程序可以在运行时加载和调用插件，从而实现功能的动态扩展。这种架构使得程序更加灵活，可以方便地添加新的功能或替换现有的功能。

其次，反射机制还可用于实现动态代理和装饰器。通过反射机制，我们可以在运行时为对象添加新的行为或修改现有行为，从而实现一些高级的功能如权限控制、日志记录等。

此外，反射机制还可以用于实现对象序列化、反序列化以及 ORM（对象关系映射）等功能。这些功能都是现代软件开发中常见的需求，掌握反射机制对于实现这些功能至关重要。

在 Python 程序设计与应用教学中，应着重向学生介绍反射机制在程序设计中的应用场景和具体实现方法。通过引导学生分析实际案例和编写练习代码，帮助他们深入理解反射机制的应用价值和实践技巧。

（三）反射机制的教学意义与注意事项

反射机制在程序设计与应用教学中的意义不仅仅在于其的实际应用价值，更在于它对学生编程思维和能力的培养。通过学习和掌握反射机制，学生可以更加深入地理解 Python 语言的动态性和灵活性，提升他们的编程能力和思维水平。

然而，反射机制也是一把双刃剑。它虽然带来了极大的灵活性，但也增加了程序的复杂性和出错的可能性。因此，在教学中需要向学生强调反射机制的使用注意事项和潜在风险。例如，过度使用反射机制可能导致代码难以理解和维护，反射操作可能破坏对象的封装性，反射操作可能引发安全问题等。

为了帮助学生更好地掌握反射机制的使用技巧并避免潜在风险，教师可以采取以下措施：一是通过实例演示和案例分析来展示反射机制的正确使用方法和潜在问题；二是引导学生逐步掌握反射机制的使用技巧，从简单的应用开始逐步深入复杂的场景；三是加强学生的实践训练，通过编写实际项目和解决实际问题来巩固和提高学生的反射机制应用能力。

反射机制是 Python 程序设计与应用教学中的一项重要内容。通过学习和掌握反射机制的基本概念、原理以及应用技巧，学生可以更加深入地理解 Python 语言的特性和优势，提升他们的编程能力和思维水平。同时，教师也需要注重引导学生正确使用反射机制并避免潜在风险，确保他们在未来的编程实践中能够充分发挥反射机制的优势并避免潜在问题。

四、动态添加属性和方法

Python 的动态特性允许我们在运行时动态地给对象添加属性和方法，这一特性为程序设计与应用教学带来了独特的视角。它不仅展示了 Python 语言的灵活性，而且加深了学生对面向对象编程的理解。

（一）动态添加属性的机制与优势

在 Python 中，我们可以轻松地给对象动态添加属性。这意味着我们不必在定义类时就预先声明所有的属性，而是可以在运行时根据需要添加。这种机制为程序设计带来了极大的灵活性，使得代码更加易于维护和扩展。

在 Python 程序设计与应用教学中，动态添加属性的机制有助于学生理解属性与对象之间的关系。通过演示如何动态添加属性，教师可以让学生认识到属性并不是在对象创建时就固定不变的，而是可以根据需要进行调整。这种理解有助于培养学生的动态思维，使他们能够更好地应对复杂的编程问题。

此外，动态添加属性的优势还在于它能够提高代码的复用性和可维护性。通过动态添加属性，我们可以根据不同的需求为对象赋予不同的行为，从而实现代码的复用。同时，当需求发生变化时，我们只需修改相应的属性，无须修改整个类的定义，从而降低了维护成本。

（二）动态添加方法的实现与应用

与动态添加属性类似，Python 也允许我们在运行时动态地给对象添加方法。这意味着我们可以根据需要在运行时为对象添加新的行为。这种特性使得 Python 程序更加灵活和可扩展。

在 Python 程序设计与应用教学中，动态添加方法的实现与应用有助于学生深入理解方法的本质和作用。通过演示如何动态添加方法，教师可以让学生认识到方法并不是在类定义时就固定不变的，而是可以根据需要进行添加和修改。这种理解有助于培养学生的创新思维，使他们能够探索出更多有趣的编程技巧。

动态添加方法的应用场景非常广泛。例如，在插件式架构中，我们可以通过动态添加方法来实现插件的加载和调用；在框架开发中，我们可以利用动态添加方法来实现功能的扩展和定制。这些应用案例不仅展示了动态添加方法的实用性，也为学生提供了宝贵的实践经验。

（三）动态特性与面向对象编程的结合

动态添加属性和方法与面向对象编程有着密切的联系。在面向对象编程中，我们通过定义类来创建对象，并通过对象来操作数据和执行方法，而动态特性使得我们可以在运行时对对象进行更加灵活的操作。

在 Python 程序设计与应用教学中，将动态特性与面向对象编程相结合，有助于学生更好地掌握这两种编程思想。通过对比静态类型语言和动态类型语言在面向对象编程方面的差异，学生可以更加深入地理解 Python 的动态特性所带来的优势。同时，通过实践项目的设计与实施，学生可以亲身体验到动态特性在面向对象编程中的实际应用价值。

（四）动态特性的教学意义与启示

动态添加属性和方法在 Python 程序设计与应用教学中的意义不仅在于提高学生的编程技能，更在于培养学生的编程思维和创新能力。通过学习和掌握动态特性，学生可以更加深入地理解编程的本质和精髓，从而形成自己的编程风格和思维模式。

同时，动态特性也为学生提供了更多的创新空间。在掌握了动态添加属性和方法后，学生可以尝试在程序中实现更加复杂和有趣的功能，从而激发他们的创新精神和探索欲望。

在教学过程中，教师应注重引导学生正确理解和使用动态特性。既要让学生认识到动态特性的优势和价值，也要让他们明白过度使用动态特性可能带来的问题和风险。通过合理的引导和实践训练，教师可以帮助学生充分发挥动态特性的优势，提高他们的编程能力和综合素质。

动态添加属性和方法是 Python 程序设计与应用教学中的重要内容。通过学习和掌握这些特性，学生可以更加深入地理解 Python 语言的特性和优势，提高他们的编程能力和创新思维。同时，教师也应注重引导学生正确理解和使用这些特性，确保他们在未来的编程实践中能够充分发挥其优势并避免潜在的问题。

五、类型注解与类型检查

在 Python 程序设计与应用教学中，类型注解与类型检查是不可或缺的重要组成部分。类型注解提供了明确变量和函数参数预期类型的机制，而类型检查则有助于在运行时捕获潜在的类型错误。通过引入这些特性，Python 在保持其动态类型语言灵活性的同时，也增强了代码的可读性、可维护性和健壮性。

（一）类型注解的基本概念与引入

类型注解是 Python 3.5 引入的一项功能，它允许开发者在变量、函数参数和返回值等地方添加类型信息。这些类型信息并不会影响程序的运行，但可以为开发者、阅读代码的人以及静态类型检查器提供有用的信息。通过类型注解，我们可以更加清晰地表达代码的意图和预期行为，提高代码的可读性和可维护性。

在 Python 程序设计与应用教学中，引入类型注解的概念有助于学生理解静态类型检查和动态类型检查的区别，以及它们各自的优势和局限性。同时，通过实践使用类型注解，可以逐渐培养学生良好的编程习惯，减少因类型错误导致的程序问题。

（二）类型注解的语法与用法

类型注解的语法相对简单，通常使用冒号后跟类型名称的方式来表示。例如，我们可以为一个变量添加类型注解，如 age: int = 25，表示 age 是一个整数类型的变量。同样的，我们也可以为函数参数和返回值添加类型注解，以明确函数的输入和输出类型。

在教学中，教师应详细解释类型注解的语法规则，并通过示例展示其在实际编程中的应用。此外，教师还可以引导学生讨论类型注解的优缺点，以及在不同场景下如何合理使用类型注解。

（三）类型检查的作用与实现

类型检查是确保程序类型正确性的重要手段。在 Python 中，虽然类型注解本身不会引发类型检查，但我们可以借助第三方库（如 Mypy）来实现静态类型检查。静态类型检查可以在代码运行前发现潜在的类型错误，从而提前修复问题，提高代码的质量。

在教学中，教师应介绍静态类型检查的概念和作用，并演示如何使用 Mypy 等工具进行类型检查。此外，教师还可以引导学生思考如何在团队项目中引入类型检查机制，以提高代码的可读性和可维护性。

（四）类型注解与类型检查在编程实践中的应用

类型注解与类型检查在编程实践中具有广泛的应用价值。它们不仅可以提高代码的可读性和可维护性，还有助于减少因类型错误导致的程序崩溃和性能问题。在实际项目中，我们可以利用类型注解和类型检查来确保接口的一致性、提高代码的重用性，并降低与其他语言或系统集成的难度。

在教学中，教师应结合具体项目案例，向学生展示如何在实际编程中应用类型注解和类型检查。通过实践项目的设计与实施，学生可以亲身体验到类型注解与类型检查带来的好处，从而更加深入地理解它们的价值和意义。

（五）类型注解与类型检查的教学意义与未来展望

类型注解与类型检查在 Python 程序设计与应用教学中的意义不仅仅在于提高学生的编程技能，更在于培养学生的编程思维和严谨性。通过学习和掌握这些特性，学生可以更加深入地理解编程语言的本质和特性，提高代码的质量和可维护性。同时，类型注解和类型检查也是 Python 语言不断发展的方向之一，随着 Python 在各个领域的应用越来越广泛，它们的重要性也将逐渐凸显。

在未来展望方面，教师可以引导学生关注 Python 类型系统的发展趋势和新技术动态，如类型提示的进一步发展和完善、静态类型检查工具的优化和普及等。通过不断学习和探索新技术，学生可以不断提升自己的编程能力和适应未来编程需求的能力。

类型注解与类型检查是 Python 程序设计与应用教学中的重要内容。通过深入学习和实践这些特性，学生可以更加深入地理解 Python 语言的特性和优势，提高编程能力和思维水平。同时，教师也应注重引导学生关注新技术动态和发展趋势，为他们的未来发展打下坚实的基础。

第三节　Python 的标准库与扩展库

一、丰富的标准库

Python 语言之所以受到广大程序设计师的喜爱，其中一个重要原因便是其内置了丰富而强大的标准库。这些标准库为程序设计师提供了大量的基础功能和工具，使得其在编写程序时能够事半功倍。在 Python 程序设计与应用教学中，深入理解并利用这些标准库，对于提高学生的编程能力和应用水平具有重要意义。

（一）标准库的功能多样性

Python 的标准库涵盖了从基础数据类型操作到复杂网络编程的各个方面。无论是进行文件操作、字符串处理，还是进行数据分析、图像处理，Python 的标准库都提供了相应的模块和函数。这种功能多样性使得 Python 能够应对各种应用场景，满足不同领域的需求。

在教学中，教师可以通过介绍不同标准库的功能和用途，帮助学生建立起对 Python 强大功能的直观认识。通过引导学生探索和使用标准库中的不同模块，教师可以培养学生的探索精神和自学能力，使他们能够根据自己的需求选择合适的工具进行编程实践。

（二）标准库的易用性

Python 标准库的设计注重易用性和可读性，使得即使是没有编程经验的初学者也能够快速上手。标准库中的函数和类通常具有清晰的命名和直观的参数，使得程序设计师能够轻松地理解和使用它们。此外，Python 的文档也非常完善，为程序设计师提供了详细的指导和帮助。

在教学中，教师可以利用标准库的易用性特点，通过演示和讲解帮助学生快速掌握标准库的使用方法。同时，教师还可以引导学生阅读和理解 Python 的官方文档，培养他们的自主学习能力和解决问题的能力。

（三）标准库的扩展性

虽然 Python 的标准库已经足够强大和丰富，但 Python 的社区还提供了大量的第三方库和工具，这些都可以作为标准库的扩展来使用。这些第三方库往往针对特定领域或特定需求进行开发，为程序设计师提供了更多的选择和可能性。

在教学中，教师可以引导学生了解和使用一些常用的第三方库，如 NumPy、Pandas 等，以扩展他们的编程能力和应用范围。通过实践项目的形式，教师可以帮助学生将第三方库与标准库结合起来，实现更复杂的功能和更高效的编程。

（四）标准库与教学的结合

在 Python 程序设计与应用教学中，标准库是一个重要的教学内容。教师可以通过设计合理的课程结构和教学方法，将标准库的学习与编程实践相结合，使学生在掌握基础语法和算法的同时，能够熟悉和利用标准库进行实际编程。

此外，教师还可以结合实际应用场景，设计一些综合性的编程项目，要求学生利用标准库完成特定的任务。这样的教学方式不仅能够帮助学生巩固所学知识，还能够培养他们的实践能力和解决问题的能力。

Python 的丰富标准库为程序设计与应用教学提供了强大的支持。通过充分利用标准库的功能和特性，教师可以帮助学生提高编程能力、扩展应用范围，并培养他们的探索精神和自学能力。因此，在 Python 程序设计与应用教学中，应充分重视标准库的教学与应用。

二、强大的扩展库生态

Python 语言以其强大的扩展库生态而闻名，这为程序设计与应用教学提供了无尽的资源和可能性。扩展库不仅丰富了 Python 的功能，还使得 Python 能够应对各种复杂的编程需求。在 Python 程序设计与应用教学中，充分利用和探讨扩展库生态，对于提高学生的编程技能和应用能力具有重要意义。

（一）扩展库的多样性与丰富性

Python 的扩展库生态极其丰富，涵盖了从数据处理、机器学习、网络编程到图形界面开发等领域。无论初学者还是高级开发者，都能找到适合自己的扩展库来加速项目的开发。这些扩展库不仅提供了大量的功能函数和类，往往还具备高效的性能和良好的用户体验。

在 Python 程序设计与应用教学中，教师可以向学生介绍不同扩展库的特点和适用场景，帮助他们理解如何选择合适的扩展库来解决实际问题。通过展示扩展库的多样性和丰富性，教师可以激发学生的学习兴趣和好奇心，鼓励他们积极探索新的编程领域。

（二）扩展库的易用性与灵活性

Python 的扩展库通常设计得非常易用和灵活，使得开发者能够轻松地将它们集成到自己的项目中。这些扩展库往往提供了清晰的文档和示例代码，帮助开发者快速上手并充分利用其功能。此外，扩展库之间往往具有良好的兼容性，可以方便地与其他库或框架进行集成。

在教学中，教师可以指导学生如何正确安装和使用扩展库，以及如何查阅扩展库的文档和社区资源。通过实践项目的形式，教师可以帮助学生将扩展库与 Python 标准库进行结合，实现更复杂的编程任务。同时，教师还可以鼓励学生参与扩展库的开源社区，了解最新的开发动态和最佳实践。

（三）扩展库的更新与维护

Python 的扩展库生态保持着持续的更新与维护，这使得扩展库能够跟上技术的发展步伐，满足不断变化的编程需求。开发者可以通过 pip 等包管理工具方便地更新和升级扩展库，获取最新的功能和性能优化。

在教学中，教师应关注扩展库的更新动态，并及时将最新的扩展库版本引入教学中。通过介绍扩展库的更新内容和改进点，教师可以帮助学生了解技术的发展趋势，并培养他们关注技术动态的习惯。同时，教师还可以指导学生如何评估扩展库的稳定性和可靠性，以确保其在项目中使用到的是高质量的扩展库。

（四）扩展库与标准库的协同工作

Python 的扩展库与标准库之间存在着良好的协同工作关系。标准库提供了基础的数据结构和算法支持，而扩展库则在此基础上提供了更加专业和高效的功能实现。这种协同工作关系使得 Python 能够在保持简洁性的同时，又具备强大的扩展能力。

在教学中，教师应强调扩展库与标准库的协同工作关系，并指导学生如何在编程实践中充分利用这种关系。通过引导学生分析项目的需求，教师可以帮助他们选择合适的扩展库与标准库进行结合，从而实现项目的目标。同时，教师还可以鼓励学生探索新的扩展库与标准库的组合方式，以培养他们的创新能力和解决问题的能力。

（五）扩展库在实践教学中的应用

实践教学是 Python 程序设计与应用教学中的重要环节。通过实践项目，学生可以将所学知识应用到实际场景中，提高自己的编程能力和应用水平。在这个过程中，扩展库的应用显得尤为重要。

教师可以设计一些涉及扩展库应用的实践项目，如使用数据分析库进行数据处理和可视化、使用机器学习库进行模型训练和预测等。通过实践项目的实施，学生可以深入了解扩展库的功能和用法，掌握其在实际编程中的应用技巧。同时，实践项目还可以帮助学生培养团队协作和项目管理的能力，为他们未来的职业发展打下坚实的基础。

Python 的扩展库生态为程序设计与应用教学提供了强大的支持。通过充分利用扩展库的多样性与丰富性、易用性与灵活性、更新与维护、与标准库的协同工作以及在实践教学中的应用等方面的优势，教师可以帮助学生提高他们的编程技能和应用能力，为他们的未来发展奠定坚实的基础。

三、易于安装和管理的包管理器

在 Python 程序设计与应用教学中，包管理器是一个不可或缺的工具。它负责安装、更新和管理 Python 的扩展库，为开发者提供了极大的便利。Python 的包管理器以其易用性、高效性和灵活性赢得了广大开发者的青睐。

（一）包管理器的易用性

Python 的包管理器，如 pip，具有极高的易用性。开发者只需在命令行中输入简单的命令，即可轻松安装、更新或卸载扩展库。这种直观的操作方式使得包管理器成为初学者的首选工具。在教学中，教师可以引导学生通过包管理器快速获取所需的扩展库，从而提高学习效率。

此外，包管理器还支持从多种来源安装扩展库，包括 Python Package Index（PyPI）上的官方库和第三方库。这使得开发者能够轻松获取到最新、最全面的库资源。在教学中，教师可以鼓励学生探索 PyPI 上的丰富资源，拓宽他们的编程视野。

（二）包管理器的高效性

包管理器的高效性体现在其快速安装和更新扩展库的能力上。通过包管理器，开发者可以一键安装多个扩展库，大大提高了开发效率。同时，包管理器还支持自动处理依赖关系，避免了因依赖冲突导致的安装失败问题。

在教学中，教师可以利用包管理器的高效性特点，帮助学生快速构建项目所需的开发环境。通过演示如何使用包管理器安装和更新扩展库，教师可以让学生亲身体验到其带来的便利和高效。

（三）包管理器的灵活性

包管理器的灵活性体现在其支持多种操作方式和自定义配置上。开发者可以根据自己的需求选择不同的安装源、设置代理、配置镜像等。这种灵活性使得包管理器能够适应各种复杂的网络环境和开发需求。

在教学中，教师可以引导学生了解包管理器的各种配置选项，并教授他们如何根据自己的需求进行自定义设置。通过实践操作，学生可以掌握包管理器的灵活使用技巧，提高其解决实际问题的能力。

（四）包管理器在实践教学中的应用

在 Python 程序设计与应用教学中，包管理器是实践教学的重要工具。教师可以通过设计实践项目，让学生在实际操作中掌握包管理器的使用方法。例如，教师可以要求学生使用包管理器安装一个特定的扩展库，并利用该库完成一个具体的编程任务。这样的实践项目不仅能够帮助学生巩固所学知识，还能够培养他们的动手能力和解决问题的能力。

此外，教师还可以利用包管理器组织学生进行团队协作项目。通过分工合作，学生可以共同管理项目的依赖库，确保项目的顺利进行。这种团队协作的方式不仅能够培养学生的团队合作精神，还能够提高他们的项目管理能力。

包管理器作为 Python 程序设计与应用教学中的便捷工具，具有易用性、高效性和灵活性等优点。通过充分利用包管理器的功能特点，教师可以帮助学生快速获取和管理扩展库资源，提高其学习效率和实践能力。因此，在 Python 程序设计与应用教学中，应充分重视包管理器的应用与教学。

四、高质量的库文档和社区支持

在 Python 程序设计与应用教学中，高质量的库文档和社区支持是不可或缺的资源。它们为学生提供了丰富的知识和信息，帮助他们更好地理解和使用 Python 的扩展库，从而提高编程能力和解决实际问题的能力。

（一）库文档的详尽性与准确性

Python 的扩展库通常都配备了详尽而准确的文档，这些文档不仅介绍了库的基本功能和用法，还提供了详细的参数说明、返回值类型以及使用示例。这种详尽性使得学生在使用库时能够迅速找到所需的信息、理解库的工作原理，并正确调用库中的函数和类。

在教学中，教师应强调库文档的重要性，并指导学生如何查阅和理解文档。通过引导学生阅读文档，教师可以帮助他们建立起良好的编程习惯，提高他们的自学能力。

同时，教师还可以利用文档中的示例来演示库的使用方法，使学生更加直观地理解库的功能。

（二）社区支持的及时性与广泛性

Python 拥有庞大的社区支持，这意味着学生在使用 Python 扩展库时遇到问题，可以迅速地在社区中寻求帮助。社区中的开发者乐于分享他们的经验和知识，通常会提供解决问题的思路和方法。这种及时性和广泛性的支持使得学生在编程过程中能够少走弯路，更快地解决问题。

在教学中，教师应鼓励学生积极参与 Python 社区，与社区中的开发者进行交流和学习。通过参与社区讨论，学生可以了解到最新的开发动态和最佳实践，拓宽编程视野。同时，教师还可以利用社区资源来辅助教学，如将社区中的优秀文章或教程分享给学生，帮助他们深入理解 Python 扩展库的使用方法和技巧。

（三）文档与社区资源的互补性

高质量的库文档和社区支持在 Python 程序设计与应用教学中具有互补性。文档提供了基础知识和使用方法，而社区则提供了实践经验和问题解决方案。学生在使用 Python 扩展库时，可以先查阅文档了解基本用法，然后在社区中寻求具体问题的解决方案。这种互补性使得学生能够更加全面地掌握 Python 扩展库的使用技巧，提高编程能力。

在教学中，教师应充分利用文档与社区资源的互补性，为学生提供多样化的学习资源。通过引导学生同时使用文档和社区资源，教师可以帮助他们建立起完整的学习体系，提高他们的学习效果。

（四）文档与社区支持在教学中的实际应用

在 Python 程序设计与应用教学中，教师可以结合具体的项目或任务，引导学生利用高质量的库文档和社区支持来解决实际问题。例如，教师可以设计一个涉及特定扩展库使用的项目，要求学生通过查阅文档和社区资源来完成项目。通过这种方式，学生可以亲身体验文档和社区支持在编程实践中的重要作用，提高他们的实践能力和解决问题的能力。

此外，教师还可以组织学生进行分组讨论或项目展示等活动，让学生分享他们在使用 Python 扩展库时的经验和心得。通过交流和分享，学生可以相互学习、相互启发，进一步加深其对 Python 扩展库的理解和掌握。

（五）文档与社区支持对学生能力的影响

高质量的库文档和社区支持不仅有助于学生掌握 Python 扩展库的使用技巧，还能够对他们的能力产生积极的影响。通过查阅文档和社区资源，学生可以培养起自主学习和解决问题的能力，提高他们的信息素养和团队合作能力。同时，通过参与社区讨论和分享经验，学生还可以提升自己的沟通能力和表达能力，为未来的职业发展打下坚实的基础。

高质量的库文档和社区支持是 Python 程序设计与应用教学中的坚强后盾。它们为学生提供了丰富的知识和信息，帮助他们更好地理解和使用 Python 的扩展库。在教学中，教师应充分利用这些资源，引导学生查阅文档、参与社区讨论，培养他们自主学习和解决问题的能力，为他们的未来发展奠定坚实的基础。

五、跨语言的互操作性

在 Python 程序设计与应用教学中，跨语言的互操作性是一个不可忽视的方面。Python 作为一种高级编程语言，不仅自身功能强大，而且能够通过多种机制与其他编程语言进行交互，从而实现跨语言的合作。这种互操作性不仅丰富了 Python 的应用场景，也为程序设计和应用教学带来了新的维度。下面将从三个方面详细阐述跨语言的互操作性在 Python 程序设计与应用教学中的意义和价值。

（一）跨语言调用的便捷性

Python 通过提供丰富的接口和工具，使得跨语言调用变得异常便捷。例如，Python 的 ctypes 库和 cffi 库允许直接调用 C 语言编写的共享库，这使得 Python 可以充分利用 C 语言编写的底层库的性能优势。此外，Python 还通过 SWIG、Cython 等工具支持 C++ 的调用，进一步扩大了其跨语言调用的范围。

在 Python 程序设计与应用教学中，教师可以利用这些工具向学生展示如何在 Python 中调用其他语言编写的库或函数。通过实践操作，学生可以深刻体会跨语言调用的便捷性，并学会如何在实际项目中灵活运用这一特性。这种教学方式有助于培养学生的跨语言编程思维，提高他们的编程能力和解决问题的能力。

（二）数据交换与格式兼容的灵活性

Python 在数据交换和格式兼容方面表现出色，这使得它能够与其他编程语言进行无缝的数据交互。Python 支持多种数据格式，如 JSON、XML、YAML 等，这些格式在跨语言通信中非常常见。此外，Python 还提供了丰富的数据处理和分析库，如 Pandas、Numpy 等，使得数据处理变得简单、高效。

在教学中，教师可以引导学生学习如何在 Python 中处理各种数据格式，并与其他编程语言进行数据交换。通过实际操作，学生可以了解不同语言之间数据交互的原理和方法，掌握跨语言数据处理的技巧。这种教学方式有助于培养学生的数据处理能力，提高他们在实际项目中的应对能力。

（三）跨语言互操作性在复杂系统中的应用

在复杂的软件系统中，往往需要使用多种编程语言来实现不同的功能和需求。Python 的跨语言互操作性使得它能够在这样的系统中发挥重要作用。通过将 Python 与其他编程语言结合使用，可以构建出功能强大、性能优越的复杂系统。

在教学中，教师可以结合实际的复杂系统案例，向学生展示 Python 如何与其他编程语言协同工作。通过分析系统的架构和代码实现，学生可以了解跨语言互操作性在复杂系统中的应用方式和优势。这种教学方式有助于培养学生的系统设计和集成能力，提高他们的综合素质和竞争力。

跨语言的互操作性为 Python 程序设计与应用教学带来新的维度和价值。通过跨语言调用的便捷性、数据交换与格式兼容的灵活性，以及在复杂系统中的应用等方面的学习，学生可以更好地掌握 Python 的编程技能和应用能力，为未来的职业发展打下坚实的基础。因此，在 Python 程序设计与应用教学中，应充分重视跨语言互操作性的教学与实践，以帮助学生全面提升编程素养和综合能力。

第三章 Python 的数据结构

第一节 数据结构基础

一、数据结构的定义与分类

在 Python 程序设计与应用教学中，数据结构是一个至关重要的概念。它不仅仅是算法设计的基础，更是解决实际问题时提高效率和性能的关键。

（一）数据结构的定义

数据结构，简言之，是数据的组织、管理和存储方式。它主要关注数据的逻辑结构和物理结构，以及在这些结构上定义的操作。逻辑结构主要描述数据元素之间的逻辑关系，而物理结构则关注数据在计算机中的存储方式。在 Python 中，我们可以通过定义变量、列表、元组、字典等数据类型来实现不同的数据结构。

（二）线性数据结构

线性数据结构是最简单、最常用的一类数据结构。它的数据元素之间存在一对一的线性关系。在 Python 中，线性数据结构主要包括列表（List）和元组（Tuple）。列表是一种可变序列，可以动态地添加、删除和修改元素；而元组则是一种不可变序列，一旦创建就不能修改。此外，栈（Stack）和队列（Queue）也是典型的线性数据结构，它们在 Python 中可以通过列表或其他数据结构实现。

（三）非线性数据结构

与线性数据结构相比，非线性数据结构中的数据元素之间存在多对多的复杂关系。在 Python 中，常见的非线性数据结构包括树（Tree）和图（Graph）。树是一种层次结构，具有一个根节点和多个子节点。Python 中的树结构可以通过类和对象来实现，每个节点都是一个对象，具有自己的属性和方法。图则是由顶点和边组成的复杂网络结构，用于表示现实世界中复杂的关系和连接。在 Python 中，图结构可以通过字典和列表等数据结构来实现。

（四）特殊数据结构

除了线性和非线性数据结构外，还有一些特殊的数据结构在 Python 中也非常重要。例如，集合（Set）是一种不包含重复元素的数据结构，它支持集合运算如并集、交集和差集等。在 Python 中，集合是通过 set( ) 函数创建的。另外，哈希表（Hash Table）也是一种重要的数据结构，它通过哈希函数将键映射到特定的存储位置，实现高效的查找和插入操作。在 Python 中，字典（Dictionary）就是基于哈希表实现的。

了解并掌握这些数据结构的特点和应用场景，对于提高 Python 程序设计和应用教学的效果具有重要意义。通过合理地选择和使用数据结构，我们可以优化算法的性能、提高程序的效率，并更好地解决实际问题。因此，在 Python 程序设计与应用教学中，应该注重对数据结构的讲解和实践，帮助学生掌握数据结构的基本概念和分类，培养他们的数据结构和算法设计能力。

此外，随着计算机科学和技术的不断发展，新的数据结构和算法也在不断涌现。因此，在 Python 程序设计与应用教学中，我们还应该关注最新的研究成果和技术趋势，不断更新和完善教学内容，使学生能够适应时代的发展需求。

总之，数据结构是 Python 程序设计与应用教学中的重要内容之一。通过深入学习和理解数据结构的定义与分类，我们可以更好地掌握 Python 编程的核心技能，提高解决问题的能力和效率。

二、列表（List）

在 Python 程序设计与应用教学中，列表（List）作为一种重要的数据结构，其地位不言而喻。列表在 Python 中具有极高的灵活性和便利性，能够存储任意类型的元素，并且支持多种操作。

（一）列表的基本特性

列表是 Python 中的一种可变序列类型，可以容纳任意数量的项目，且这些项目不必是同一类型。这意味着我们可以将整数、浮点数、字符串，甚至是其他列表作为列表的元素。这种灵活性使得列表在处理复杂数据时显得尤为方便。此外，列表还支持索引和切片操作，允许我们轻松访问和修改列表中的元素。

（二）列表的创建与初始化

在 Python 中，创建列表非常简单，只需将元素用方括号括起来即可。例如，my_list = [1, 2, 3, 'a', 'b'] 就创建了一个包含整数和字符串的列表。同时，我们还可以通过循环、列表推导式等方式初始化列表，以满足不同的需求。

（三）列表的常见操作

列表支持一系列常见的操作，如添加、删除、修改元素等。我们可以使用 append( ) 方法向列表末尾添加元素，使用 remove( ) 方法删除指定元素，使用索引直接修改元素的值。此外，列表还提供了 insert( )、pop( )、extend( ) 等方法，实现了更加丰富的操作功能。这些操作使得列表在实际应用中具有极高的实用价值。

（四）列表的遍历与迭代

遍历和迭代是处理列表数据时常用的操作。在 Python 中，我们可以使用 for 循环遍历列表中的每一个元素，并进行相应的处理。这种遍历方式简洁明了、易于理解。同时，Python 还提供了迭代器（Iterator）和生成器（Generator）等高级特性，进一步简化了列表的遍历和迭代操作。

（五）列表的应用场景

列表在 Python 程序设计与应用教学中具有广泛的应用场景。例如，在处理数据集合时，我们可以使用列表来存储和操作数据；在编写算法时，列表可以作为算法的数据结构基础；在构建复杂系统时，列表也可以作为组件之间的连接纽带。此外，列表还可以与其他数据结构（如字典、元组等）结合使用，实现更加复杂的功能。

通过学习列表的基本特性、创建与初始化、常见操作、遍历与迭代以及应用场景等方面的知识，学生可以更好地掌握 Python 列表的使用技巧，提高编程能力和解决实际问题的能力。同时，在教学过程中，教师还可以结合具体案例和实践项目，让学生在实际操作中加深对列表的理解和掌握。

需要注意的是，虽然列表在 Python 中具有很高的灵活性和便利性，但在某些情况下，也需要考虑其性能问题。例如，在处理大量数据时，列表的插入和删除操作可能会导致性能下降。因此，在实际应用中，我们需要根据具体需求选择合适的数据结构和算法来优化性能。

列表作为 Python 中的一种重要数据结构，在程序设计与应用教学中具有不可替代的地位。通过学习列表的相关知识并掌握其使用技巧，学生将能够更好地应对实际编程中的各种问题和挑战，为其未来的职业发展打下坚实的基础。

三、元组（Tuple）

在 Python 程序设计与应用教学中，元组（Tuple）作为一种基本的数据结构，其特性和用法与列表（List）有所不同，但同样具有广泛的应用场景。

（一）元组的基本特性

元组与列表类似，都是用于存储一系列元素的容器。然而，元组与列表的主要区别在于元组是不可变的，即一旦创建了一个元组，就不能修改其内部的元素。这种不可变性使得元组在某些场景下比列表更为安全和高效。例如，当我们需要存储一系列不可改变的数据时，使用元组可以防止数据被意外修改，从而提高程序的健壮性。

（二）元组的创建与初始化

在 Python 中，元组的创建与初始化非常简单。与列表类似，元组也是使用圆括号将一系列元素括起来，但圆括号在元组的创建中通常是可选的，只需要逗号分隔元素即可。例如，(1, 2, 3) 和 1, 2, 3 都是合法的元组创建方式。此外，我们还可以使用 tuple( ) 函数将其他可迭代对象转换为元组。

（三）元组的常见操作

虽然元组是不可变的，但它仍然支持一系列常见的操作。我们可以使用索引和切片来访问元组中的元素，这与列表的操作类似。此外，我们还可以使用 len( ) 函数获取元组的长度，使用 in 和 not in 运算符检查元素是否存在于元组中。需要注意的是，由于元组的不可变性，我们不能使用诸如 append( )、remove( ) 等修改元素的方法。

（四）元组的优势与应用场景

元组的不可变性带来了诸多优势。首先，它提高了数据的安全性。由于元组不能被修改，因此可以避免因误操作导致的数据损坏。其次，元组的不可变性使得它在作为字典的键或集合的元素时更为高效。因为字典和集合要求键和元素是不可变的，以保证其内部结构的稳定性和一致性。此外，元组还常用于表示具有固定数量且不可更改的值的集合，如坐标点、颜色值等。

在 Python 程序设计与应用教学中，元组的应用场景非常广泛。例如，在处理固定数量的数据时，可以使用元组来存储这些数据，并利用其不可变性确保数据的稳定性。在编写函数时，如果函数的返回值包含多个值，可以使用元组作为返回值，以便一次性返回多个结果。此外，在构建复杂的数据结构时，元组也可以作为组件之一，与其他数据结构结合使用，实现更加丰富的功能。

（五）元组与列表的比较与选择

元组和列表都是 Python 中用于存储多个元素的容器类型，但它们在使用场景和特性上有所区别。列表是可变的，支持添加、删除和修改元素等操作，适用于需要频繁修改数据的情况；而元组是不可变的，一旦创建就不能修改其内部元素，适用于存储固定且不可更改的数据。因此，在选择使用元组还是列表时，应根据具体需求进行权衡。如果需要存储的数据可能会发生变化，或者需要对其进行修改操作，那么列表是更好的选择；而如果需要存储的数据是固定的且不会发生变化，或者需要将其作为字典的键或集合的元素，那么元组则更为合适。

元组作为 Python 中的一种基本数据结构，在程序设计与应用教学中具有重要的地位。通过学习元组的基本特性、创建与初始化、常见操作、优势与应用场景以及与列表的比较与选择等方面的知识，学生可以更好地掌握元组的使用方法，提高编程能力和解决实际问题的能力。同时，教师也应注重将元组与其他数据结构相结合进行教学，帮助学生形成完整的数据结构知识体系。

四、集合（Set）

在 Python 程序设计与应用教学中，集合（Set）作为一种重要的数据结构，以其独特的特性在解决特定问题时发挥着关键作用。集合是一种无序的、不重复的元素序列，它的主要功能是进行成员关系测试和消除重复元素。

（一）集合的基本特性与创建

集合的基本特性主要体现在其无序性和元素的唯一性上。这意味着集合中的元素没有特定的顺序，且每个元素只能出现一次。这种特性使得集合在处理需要去除重复元素的场景时非常高效。在 Python 中，我们可以使用花括号 {} 或 set( ) 函数来创建集合。例如，my_set = {1, 2, 3, 4} 和 my_set = set([1, 2, 2, 3, 4]) 都将创建一个包含 1 到 4 这四个不重复整数的集合。

（二）集合的基本操作

集合支持一系列基本操作，这些操作使得集合在数据处理和算法实现中具有广泛的应用。首先，我们可以使用 in 和 not in 运算符来检查一个元素是否存在于集合中。其次，集合支持并集（union）、交集（intersection）和差集（difference）等集合运算，这些运算可以方便处理多个集合之间的关系。最后，集合还支持添加元素（add）、删除元素（remove）以及更新集合（update）等操作。这些操作使得集合在处理复杂数据问题时具有灵活性和高效性。

（三）集合在 Python 中的应用场景

集合在 Python 程序设计与应用教学中具有广泛的应用场景。首先，在处理需要去除重复元素的场景时，集合可以发挥重要作用。例如，在读取文件或处理用户输入时，我们可能需要去除重复的行或单词，这时就可以使用集合来实现。其次，在涉及多个集合关系的处理时，如查找两个集合的共有元素或找出属于某个集合但不属于另一个集合的元素时，集合运算能够提供简洁而高效的解决方案。最后，在编写算法或实现特定功能时，集合也可以作为数据结构的基础，帮助我们更好地组织和管理数据。

（四）集合与其他数据结构的比较

与列表和元组相比，集合的主要优势在于其去重特性和高效的集合运算。列表和元组虽然可以存储多个元素，但它们允许元素重复，且在进行去重操作时可能需要额外的算法支持；而集合则通过其内部机制自动实现去重，使得其在处理需要去除重复元素的场景时更加高效。此外，集合运算如并集、交集和差集等也是列表和元组所不具备的功能，这些运算在处理多个集合之间的关系时非常有用。

需要注意的是，集合是无序的，这意味着集合中的元素没有固定的顺序。如果需要保持元素的顺序，那么列表或元组可能更合适。此外，集合不支持索引操作，因此无法像列表那样通过索引访问特定位置的元素。这也是在选择使用集合时需要考虑的因素之一。

总之，集合作为 Python 中的一种重要数据结构，在程序设计与应用教学中具有重要的地位。通过学习和掌握集合的基本特性、创建方法、基本操作以及应用场景等方面的知识，学生可以更好地理解和应用集合这一数据结构，提高编程能力和解决实际问题的能力。同时，教师也应注重将集合与其他数据结构相结合进行教学，帮助学生形成完整的数据结构知识体系，为其未来的学习和实践打下坚实的基础。

五、字典（Dictionary）

在 Python 程序设计与应用教学中，字典作为一种重要的数据结构，以其独特的键值对存储方式，为数据处理和程序逻辑的实现提供了极大的便利。

（一）字典的基本特性与创建

字典是一种无序的、可变的数据结构，它存储的是键值对（key-value pairs）的映射关系。这意味着字典中的每个元素都包含一个键和一个值，通过键可以快速地找到对应的值。这种特性使得字典在处理需要快速查找和访问数据的情况时非常高效。在 Python 中，我们可以使用花括号 {} 或 dict( ) 函数来创建字典。例如，my_dict = {'name': 'Alice', 'age': 30} 就创建了一个包含两个键值对的字典。

字典的键必须是唯一的，且是不可变的类型（如整数、浮点数、字符串、元组等），而值可以是任意类型。这种键值对的存储方式使得字典在存储和访问复杂数据时具有很大的灵活性。由于字典是无序的，因此，它不保证键值对的存储顺序与插入顺序一致。

（二）字典的基本操作

字典支持一系列基本操作，包括添加键值对、访问值、修改值、删除键值对等。通过键可以方便地访问和修改对应的值。此外，字典还提供了一些内置方法，如keys( )、values( ) 和 items( )，用于获取字典的键、值或键值对列表。这些操作使得字典在数据处理和程序逻辑实现中非常便捷。

需要注意的是，由于字典是无序的，因此在进行迭代或遍历操作时，无法保证键值对的顺序。如果需要按照特定的顺序处理键值对，可以在遍历前对键进行排序或使用其他有序的数据结构。

（三）字典在 Python 中的应用场景

字典在 Python 程序设计与应用教学中具有广泛的应用场景。

首先，在处理需要存储和访问复杂数据的情况时，字典可以作为一种高效的数据存储方式。例如，在编写 Web 应用时，可以使用字典来存储用户的个人信息或会话状态；在处理配置文件或数据时，可以使用字典来存储配置项或数据记录。

其次，字典在算法实现和数据结构构建中也发挥着重要作用。例如，在实现哈希表、图等数据结构时，可以利用字典的键值对存储特性来高效地实现查找和访问操作；在编写搜索算法、排序算法等时，可以利用字典来存储中间结果或状态信息。

最后，字典还可以与其他数据结构结合使用，实现更加复杂的功能。例如，可以将字典作为列表的元素，构建包含多个键值对的数据结构；也可以将字典作为另一个字典的值，构建嵌套字典来存储层次化的数据。

字典作为 Python 中的一种重要数据结构，以其独特的键值对存储方式和高效的查找访问特性，在程序设计与应用教学中具有重要地位。通过学习和掌握字典的基本特性、创建方法、基本操作以及应用场景等方面的知识，学生可以更好地理解和应用字典这一数据结构，提高编程能力和解决实际问题的能力。同时，教师也应注重将字典与其他数据结构相结合进行教学，帮助学生形成完整的数据结构知识体系，为其未来的学习和实践打下坚实的基础。

第二节 高级数据结构

一、栈（Stack）

在 Python 程序设计与应用教学中，栈（Stack）作为一种重要的数据结构，其特性和操作方式对于理解和编写高效的程序逻辑具有至关重要的意义。下面我们将从四个方面来详细阐述栈在 Python 教学中的重要性。

（一）栈的基本概念与特性

栈是一种后进先出（Last In First Out，LIFO）的数据结构，它只允许在一端进行插入和删除操作，这一端通常被称为栈顶。栈的基本特性包括：

1. 后进先出：新加入的元素总是放在栈顶，而取出元素时，总是从栈顶开始取出，即最后加入的元素最先被取出。

2. 有序性：栈中的元素按照它们进入栈的顺序排列，先进入的元素位于栈底，后进入的元素位于栈顶。

3. 栈顶元素唯一可见：在栈中，只有栈顶的元素是可以被访问和操作的，其他元素在栈内部，不能直接访问。

这些特性使得栈在解决某些特定问题时具有天然的优势，如函数调用、表达式求值、括号匹配等。

（二）栈在 Python 中的实现

在 Python 中，可以使用列表来实现栈的基本功能。通过列表的 append( ) 方法可以在列表末尾添加元素，模拟栈的入栈操作；通过列表的 pop( ) 方法可以在列表末尾删除元素，模拟栈的出栈操作。虽然列表本身支持从任意位置插入和删除元素，但在实现栈时，我们仅使用列表的末尾进行操作，以保持栈的后进先出特性。

此外，Python 的 collections 模块还提供了一个名为 deque 的双端队列类，它可以作为栈的更高性能实现。deque 类提供了 append( ) 和 popleft( ) 方法，分别用于在队列右侧添加元素和在队列左侧删除元素，这使得 deque 在实现栈时比列表更加高效。

（三）栈在 Python 程序设计中的应用

栈在 Python 程序设计中有着广泛的应用，以下是几个典型的例子：

1. 函数调用与递归：在 Python 中，函数调用和递归的实现都依赖于栈。当调用一个函数时，函数的参数和局部变量会被压入调用栈；当函数返回时，这些参数和变量会从栈中弹出，并恢复到函数调用之前的状态。这种机制保证了函数调用的正确性和程序的稳定性。

2. 表达式求值：在编写解释器或编译器时，表达式求值是一个重要的任务。栈可以用来存储运算符和操作数，按照运算的优先级和结合性进行求值。例如，在计算算术表达式时，可以使用两个栈分别存储操作数和运算符，通过比较运算符的优先级来进行求值。

3. 括号匹配：在处理包含括号的字符串时，如数学表达式、代码块等，需要确保括号的正确匹配。栈可以用来检查括号的匹配性，每遇到一个左括号就压入栈中，每遇到一个右括号就从栈顶弹出一个元素进行比较。如果最后栈为空，则说明括号匹配正确；否则，说明存在未匹配的括号。

（四）栈与其他数据结构的比较

栈与其他常见数据结构如列表、队列和树等有着显著的区别。列表支持在任意位置插入和删除元素，而栈只能在栈顶进行操作；队列则遵循先进先出（FIFO）的原则，与栈的后进先出特性形成对比；树则是一种更复杂的数据结构，用于表示具有层次关系的数据。这些数据结构各有其特点和适用场景，在实际应用中需要根据具体需求进行选择。

通过学习和掌握栈的基本概念、特性以及在 Python 中的实现和应用方式，学生可以更深入地理解数据结构在计算机科学中的重要作用，从而提高其编程能力和解决实际问题的能力。同时，教师也应注重将栈与其他数据结构相结合进行教学，帮助学生形成完整的数据结构知识体系。

二、队列（Queue）

在 Python 程序设计与应用教学中，队列（Queue）作为一种重要的数据结构，其有序、先进先出的特性使得它在处理一系列需要按照特定顺序执行的任务时发挥着关键作用。

（一）队列的基本概念与特性

队列是一种特殊的线性表，它只允许在表的前端（front）进行删除操作，而在表的后端（rear）进行插入操作。这种操作原则使得队列具有先进先出的特性，即最先进入队列的元素将最先被移出队列。队列的这种特性使得它在处理需要按照一定顺序执行的任务时非常有用，如打印任务、消息传递等。

队列的有序性也是其重要特性之一。队列中的元素按照它们进入队列的顺序排列，先进入的元素位于队列的前端，后进入的元素位于队列的后端。这种有序性使得队列在处理需要按照特定顺序处理的数据时非常高效。

（二）队列在 Python 中的实现

在 Python 中，我们可以使用列表来实现队列的基本功能。通过列表的 append( ) 方法可以在列表末尾添加元素，模拟队列的入队操作；通过列表的 pop(0) 方法可以在列表开头删除元素，模拟队列的出队操作。然而，需要注意的是，使用列表的 pop(0) 方法进行出队操作的时间复杂度为 O(n)，因为 Python 列表在删除元素时需要将后续元素向前移动。为了提高效率，我们可以使用 collections 模块中的 deque 类来实现队列，它提供了在两端高效添加和删除元素的方法。

此外，还有一些第三方库如 queue 也提供了队列的实现，这些库提供了更丰富的功能和更高效的性能，适用于处理更复杂的队列操作。

（三）队列在 Python 程序设计中的应用

队列在 Python 程序设计中有着广泛的应用场景，以下是一些典型的例子：

1. 任务调度：在多线程或多进程环境中，经常需要按照一定的顺序执行任务。队列可以用来存储待执行的任务，并通过出队操作将任务分配给可用的线程或进程进行处理。这种方式可以确保任务按照先进先出的顺序被执行，避免任务之间的冲突和混乱。

2. 消息传递：在分布式系统或网络通信中，消息传递是一种常见的通信方式。队列可以作为消息的缓冲区，接收和存储来自不同源的消息。发送者可以将消息入队到队列中，而接收者可以从队列中获取出队消息并进行处理。这种方式可以实现消息的异步传递和处理，提高系统的可扩展性和可靠性。

3. 广度优先搜索：在图算法中，广度优先搜索（BFS）是一种常用的遍历方式。队列在 BFS 中发挥着关键作用，用于存储待访问的节点。通过不断将相邻节点入队和出队，可以逐层遍历图的节点，直到找到目标节点或遍历完所有节点。

（四）队列与其他数据结构的比较

队列作为一种线性数据结构，与列表、栈等其他线性数据结构相比，具有独特的优势。列表虽然也支持在任意位置插入和删除元素，但它并不强调元素的顺序性；而栈则强调后进先出的特性，与队列的先进先出特性形成鲜明对比。此外，队列还与树、图等非线性数据结构有所区别，这些数据结构在处理具有复杂关系的数据时更加灵活，但实现和操作也相对复杂。

通过学习和掌握队列的基本概念、特性以及在 Python 中的实现和应用方式，学生可以更深入地理解数据结构在计算机科学中的重要作用，提高编程能力和解决实际问题的能力。同时，教师也应注重将队列与其他数据结构相结合进行教学，帮助学生形成完整的数据结构知识体系，为其未来的学习和实践打下坚实的基础。

三、二叉树（Binary Tree）

在 Python 程序设计与应用教学中，二叉树作为一种基础且重要的数据结构，其独特的性质和广泛的应用使得它成为学生必须掌握的知识点。

（一）二叉树的基本概念与性质

二叉树是每个节点最多有两个子树的树结构，通常子树被称作"左子树"和"右子树"。二叉树具有一系列重要的性质，如二叉树的第 i 层上至多有 $2^{(i-1)}$ 个节点；深度为 k 的二叉树至多有 $2^{(k-1)}$ 个节点；对于任意一棵二叉树，如果其终端节点

数为 n_0，度为 2 的节点数为 n_2，则 $n_0=n_2+1$。这些性质为我们在实际应用中操作和分析二叉树提供了理论基础。

（二）二叉树的存储结构

在 Python 中，二叉树通常可以使用链表或数组来实现。链表实现中，每个节点通常包含数据域、左指针和右指针三个部分。数组实现则利用了完全二叉树的性质，将二叉树的节点按照层次顺序存储在数组中。不同的存储结构会影响二叉树的访问、插入和删除操作的效率，因此在实际应用中需要根据具体需求选择合适的存储结构。

（三）二叉树的遍历方法

二叉树的遍历是二叉树操作中的基础且重要的一环。常见的遍历方法包括前序遍历、中序遍历和后序遍历。前序遍历的顺序是根节点、左子树、右子树，中序遍历的顺序是左子树、根节点、右子树，后序遍历的顺序是左子树、右子树、根节点。这些遍历方法可以帮助我们按照特定的顺序访问二叉树的每个节点，从而实现对二叉树的搜索、修改等操作。

（四）二叉树的应用场景

二叉树在 Python 程序设计与应用教学中具有广泛的应用场景。首先，在查找算法中，二叉搜索树是一种高效的查找数据结构，它利用二叉树的性质将查找时间复杂度降低到对数级别。其次，在排序算法中，堆排序利用二叉堆的性质实现了高效的排序操作。最后，在编译原理中，语法树通常使用二叉树来表示，便于其分析和处理程序的语法结构。

除了这些经典应用场景外，二叉树还可以与其他数据结构结合使用，构建出更为复杂的数据结构，如 AVL 树、红黑树等，以满足特定需求。这些数据结构在数据库、操作系统、网络通信等领域都有着广泛的应用。

（五）二叉树与其他数据结构的比较

二叉树作为一种特殊的树形结构，与其他数据结构如线性表、图等相比具有独特的优势。线性表只能表示一维的数据关系，而二叉树能够表示具有层次结构的数据关系，更加符合现实世界中许多问题的实际情况。图虽然能够表示任意复杂的数据关系，但其实现和操作相对复杂，而二叉树则在保持一定灵活性的同时降低了实现的难度。

同时，二叉树也与其他的树形结构如多叉树、森林等有所不同。多叉树的节点可以有多个子节点，而二叉树的节点最多只有两个子节点，这使得二叉树在操作和分析上更加简洁和高效。森林是由多棵树组成的集合；而二叉树则是森林的一种特殊形式，即每棵树都是二叉树。

通过学习和掌握二叉树的基本概念、性质、存储结构、遍历方法以及应用场景等方面的知识，学生可以深入理解二叉树作为一种基础数据结构的重要性和应用价值。同时，通过比较二叉树与其他数据结构的异同点，学生可以更加全面地了解数据结构的多样性和灵活性，提高解决实际问题的能力。

四、图（Graph）

在 Python 程序设计与应用教学中，图作为一种重要且复杂的数据结构，其特性和应用对于培养学生的问题解决能力和抽象思维能力具有不可忽视的作用。下面我们将从三个方面来详细探讨图在 Python 教学中的意义。

（一）图的基本概念与特性

图是由顶点（或称为节点）和边组成的数据结构，用于表示对象之间的复杂关系。顶点可以代表实体，而边则代表实体之间的关系。图具有以下几个重要的特性。

首先，图是无序的，即边的方向性并不固定，可以根据需要定义为有向图或无向图。其次，图的边可以带有权重，用于表示实体之间关系的强度或成本。最后，图还可以是连通的或非连通的，这取决于任意两个顶点之间是否存在路径。

这些特性使得图在解决许多实际问题时具有独特的优势。例如，在社交网络分析中，图可以用来表示用户之间的关系；在交通规划中，图可以用来表示道路网络；在电路设计中，图可以用来表示元件之间的连接关系等。

（二）图的存储结构

在 Python 中，图可以通过多种方式进行存储，包括邻接矩阵、邻接表和边列表等。邻接矩阵是一个二维数组，用于表示顶点之间的连接关系；邻接表则是一个数组和链表的结合体，用于存储每个顶点的相邻顶点；边列表则是一个简单的列表，用于存储图中的每一条边。

选择合适的存储结构对于图的操作和性能至关重要。例如，邻接矩阵适用于稠密图（边数较多的图），因为其空间复杂度较低；而邻接表则适用于稀疏图（边数较少的图），因为其能够节省存储空间并提高查找效率。

（三）图的应用与算法

图在 Python 程序设计与应用教学中具有广泛的应用场景，涉及许多重要的算法，以下是一些典型的例子：

1.路径问题：其包括最短路径问题（如 Dijkstra 算法、Floyd 算法）、最长路径问题等。这些问题在交通规划、网络路由等领域具有广泛应用。

2.图的遍历:深度优先搜索(DFS)和广度优先搜索(BFS)是两种常用的图遍历算法。它们不仅用于图的遍历,还是许多其他图算法的基础,如拓扑排序、关键路径分析等。

3.最小生成树:在给定一个加权连通图的情况下,最小生成树算法(如 Prim 算法、Kruskal 算法)可以找到一棵边权值和最小的生成树,这在网络设计、电路设计等领域具有实际意义。

4.图的匹配:如二分图的最大匹配、最大流问题等,这些算法在资源分配、任务调度等场景中有广泛应用。

此外,图还与许多其他算法和数据结构相结合,形成了许多高级的应用。例如,在图神经网络中,图被用作表示复杂数据结构的基础,通过深度学习算法进行模式识别和分类;在图算法与数据库查询优化结合中,图结构被用来表示数据库中的关系,以提高查询效率。

通过学习图的基本概念、存储结构以及相关的算法和应用,学生可以深入理解图作为一种复杂数据结构的特性和价值。同时,通过实践这些算法和应用,学生可以锻炼自己的问题解决能力和抽象思维能力,为其未来的学习和工作打下坚实的基础。

综上,图在 Python 程序设计与应用教学中具有重要地位。通过系统地学习和掌握图的相关知识,学生可以提升自己的编程技能和数据结构应用能力,从而更好地应对复杂的实际问题。

五、堆(Heap)

在 Python 程序设计与应用教学中,堆作为一种重要的数据结构,其特殊的性质和广泛的应用使得它成为学生必须掌握的知识点。下面我们将从四个方面来详细探讨堆在 Python 教学中的意义。

(一)堆的基本概念与特性

堆是一种特殊的树形数据结构,通常表现为一个完全二叉树。它满足堆性质:父节点的值总是大于或等于(在大顶堆中)或小于或等于(在小顶堆中)其子节点的值。这种特性使得堆在需要快速找到最大或最小元素的场景中非常有用。堆在存储上通常使用数组来实现,通过特定的索引关系来模拟树形结构,从而实现高效的插入、删除和查找操作。

(二)堆的创建与维护

创建堆的过程通常是从一个无序的数组开始,通过不断地调整元素位置来满足堆的性质。这个过程称为堆化(Heapify)。堆化操作通常从最后一个非叶子节点开始,自底向上进行。在 Python 中，我们可以利用数组的特性，通过计算父节点和子节点的索引关系来实现堆化操作。

堆的维护则是在进行插入和删除操作时保持堆的性质不变。插入操作通常是将新元素添加到数组的末尾，然后通过上滤（Percolate Up）操作将其调整到正确的位置。删除操作通常是删除堆顶元素（最大或最小元素），然后将数组的最后一个元素移动到堆顶，通过下滤（Percolate Down）操作将其调整到正确的位置。

（三）堆的应用场景

堆在 Python 程序设计与应用教学中具有广泛的应用场景。其中最常见的应用是实现优先队列。优先队列是一种特殊的数据结构，其中元素具有优先级，优先级最高的元素最先出队。堆可以高效地实现优先队列的插入和删除操作，时间复杂度均为 $O(\log n)$。这使得堆在需要处理具有优先级的任务或事件的场景中非常有用，如任务调度、事件驱动编程等。

此外，堆还在许多其他场景中发挥着重要作用。例如，在图算法中，堆可以用于实现 Dijkstra 算法和 Prim 算法等，以高效地找到最短路径或最小生成树；在数据库和文件系统的索引结构中，堆也可以用于加速数据的检索速度；在机器学习领域，堆还可以用于实现 K 近邻算法等。

（四）堆与其他数据结构的比较

堆作为一种特殊的数据结构，与其他数据结构相比具有独特的优势。与线性表相比，堆能够在 $O(\log n)$ 的时间内找到最大或最小元素，而线性表则需要 $O(n)$ 的时间；与链表相比，堆在存储上更加紧凑，且支持高效的插入和删除操作；与二叉搜索树相比，堆的插入和删除操作更加稳定，时间复杂度不受树的高度影响。

然而，堆也有其局限性。由于堆是一种完全二叉树，因此，它在处理非树形结构的数据时可能不够灵活。此外，堆不支持高效的按值查找操作，只能通过遍历整个堆来查找特定元素。因此，在选择数据结构时，我们需要根据具体的应用场景和需求来权衡各种数据结构的优缺点。

通过学习和掌握堆的基本概念、特性、创建与维护方法以及应用场景等方面的知识，学生可以深入理解堆作为一种重要数据结构的作用和价值。同时，通过比较堆与其他数据结构的异同点，学生可以更加全面地了解数据结构的多样性和灵活性，提高解决实际问题的能力。

总之，堆在 Python 程序设计与应用教学中具有重要地位。通过系统地学习和掌握堆的相关知识，学生可以提升自己的编程技能和数据结构应用能力，为未来的学习和工作打下坚实的基础。

第三节　算法基础

一、算法的概念与特性

在 Python 程序设计与应用教学中，算法是一个核心概念，它不仅是解决问题的关键步骤，也是程序设计的基石。

（一）算法的定义与本质

算法，简单来说，就是解决特定问题的一系列步骤或指令的集合。这些步骤必须是明确的、无二义性的，并且能够在有限的时间内完成。算法的本质在于它的普适性和高效性，它能够针对一类问题提供通用的解决方案，并在合理的时间内得出结果。

在 Python 程序设计中，算法是实现特定功能的基础。无论是简单的数据排序、查找，还是复杂的图像处理、机器学习，都需要依赖算法来完成。因此，掌握算法的概念和原理，对于学习 Python 程序设计至关重要。

（二）算法的构成要素

算法通常包含以下几个构成要素：输入、输出、有限性、明确性和无二义性。输入是算法开始执行前所需要的数据或条件；输出是算法执行后得到的结果；有限性意味着算法必须在有限步内完成；明确性则要求算法的每一步都是清晰、明确的；无二义性则保证算法的每一步只能有一种解释，不会出现歧义。

这些要素共同构成了算法的框架，使得算法能够成为解决问题的有效工具。在 Python 中，我们可以通过定义函数或方法来实现算法，确保算法的输入、输出以及每一步操作都符合算法构成要素的要求。

（三）算法的特性

算法具有多种特性，其中最重要的是有效性和效率。有效性是指算法能够正确解决问题，得出正确的结果；效率则是指算法在解决问题时所消耗的时间、空间等资源。一个优秀的算法应该同时具备良好的有效性和效率。

此外，算法还具有通用性、健壮性和可读性等特性。通用性意味着算法能够适用于一类问题，而不仅仅是某个具体问题；健壮性则要求算法在输入数据不符合预期时能够给出合理的错误提示或处理方式；可读性则是指算法的描述应该清晰易懂，便于他人理解和使用。

（四）算法与数据结构的关系

算法与数据结构的关系是密不可分的。数据结构是算法的基础，它定义了数据的组织方式和操作方式，为算法提供了必要的支持；而算法则是数据结构的灵魂，它利用数据结构提供的操作来解决具体问题。

在 Python 中，我们可以通过选择合适的数据结构来优化算法的性能。例如，对于需要频繁查找元素的问题，我们可以使用哈希表（在 Python 中通过字典来实现）来提高查找效率；对于需要排序的问题，我们可以利用各种排序算法结合列表或数组等数据结构来实现高效排序。

（五）算法在 Python 程序设计中的应用

算法在 Python 程序设计中的应用非常广泛。无论是开发 Web 应用、处理数据、进行图像处理还是实现机器学习算法，都需要深入理解和应用各种算法。

通过学习和掌握算法的概念与特性，我们可以更好地理解和分析 Python 程序中的各种问题，并找到有效的解决方案。同时，算法的学习也有助于培养我们的逻辑思维能力和解决问题的能力，为我们未来的学习和工作打下坚实的基础。

算法是 Python 程序设计与应用教学中的重要内容。通过深入理解算法的概念与特性，我们可以更好地掌握 Python 程序设计的技巧和方法，提高我们的编程能力和解决问题的能力。

二、时间复杂度与空间复杂度

在 Python 程序设计与应用教学中，时间复杂度和空间复杂度是衡量算法性能的两个重要指标。它们不仅帮助我们理解算法的运行效率，还指导我们在实际编程中如何优化算法，提升程序的执行速度并降低内存消耗。

（一）时间复杂度的概念与意义

时间复杂度描述了算法执行所需的时间随输入规模增长而变化的趋势。它通常用大 O 记法表示，即 $O[f(n)]$，其中 n 是输入规模，f(n) 是算法执行时间的某个函数。通过时间复杂度，我们可以预测算法在不同规模输入下的性能表现，从而选择合适的算法来解决问题。

在 Python 程序设计中，了解时间复杂度有助于我们编写出高效的代码。例如，在处理大量数据时，我们应该选择时间复杂度较低的算法，避免程序运行时间过长。同时，通过优化算法的时间复杂度，我们还可以提升程序的响应速度，提升用户体验。

（二）空间复杂度的概念与意义

空间复杂度则描述了算法执行所需的空间随输入的规模增长而变化的趋势。它同样用大 O 记法表示，关注的是算法在执行过程中临时占用的存储空间大小。空间复杂度的大小直接影响着程序的内存消耗，因此在设计算法时需要考虑如何降低空间复杂度。

在 Python 程序设计中，空间复杂度的优化同样至关重要。过高的空间复杂度可能导致程序在运行时占用大量内存，甚至引发内存溢出错误。因此，我们需要根据实际需求选择合适的数据结构和算法，以降低程序的空间复杂度。例如，在处理大规模数据时，我们可以考虑使用稀疏矩阵或压缩存储等方法来减少内存占用。

（三）时间复杂度与空间复杂度的权衡与优化

在实际编程中，时间复杂度和空间复杂度往往需要进行权衡。有时我们可以通过牺牲一定的空间复杂度来降低时间复杂度，或者通过增加时间复杂度来降低空间复杂度。这种权衡取决于具体问题的需求和约束条件。

优化时间复杂度和空间复杂度的方法有很多，如改进算法逻辑、选择合适的数据结构、利用缓存机制等。在 Python 程序设计中，我们还可以利用一些高级特性，如生成器、迭代器等来减少内存消耗。同时，通过学习和掌握常见的算法优化技巧，如分治法、动态规划等，我们也可以有效地提升算法的性能。

（四）时间复杂度与空间复杂度在 Python 程序设计中的应用

在 Python 程序设计中，时间复杂度和空间复杂度的应用广泛而重要。无论是开发 Web 应用、处理大数据还是进行机器学习等任务，我们都需要对算法的性能进行细致的分析和优化。

通过分析和比较不同算法的时间复杂度和空间复杂度，我们可以选择最适合当前问题的算法。例如，在处理排序问题时，我们可以根据输入数据的规模和特性来选择合适的排序算法；在进行图像处理时，我们可以利用卷积神经网络等高效算法来降低计算成本。

此外，在 Python 程序设计中，我们还可以利用一些工具和库来辅助我们分析和优化算法的性能。例如，我们可以使用 Python 的内置函数或第三方库来计算和分析算法的运行时间和内存消耗，还可以利用性能分析工具来定位程序的瓶颈并进行针对性的优化。

时间复杂度和空间复杂度是 Python 程序设计与应用教学中不可或缺的重要内容。通过深入理解这两个概念及其在 Python 程序设计中的应用，我们可以编写出更加高效、稳定的代码，从而提升程序的性能和用户体验。

三、排序算法

排序算法是计算机科学和 Python 程序设计中的一个重要基础部分，它们在处理数据、优化搜索性能以及实现各种算法和数据结构时发挥着关键作用。在 Python 程序设计与应用教学中，了解并掌握不同的排序算法及其性能特点是非常必要的。

（一）排序算法的基本概念与分类

排序算法是一种将一组数据元素按照某种顺序（如升序或降序）重新排列的算法。根据排序过程中元素是否全部被移至另一位置，排序算法可以分为原地排序和非原地排序；根据排序过程中使用的比较次数和交换次数，又可以分为比较排序和非比较排序。常见的比较排序算法包括冒泡排序、选择排序、插入排序、归并排序、快速排序和堆排序等；非比较排序算法则包括计数排序、桶排序和基数排序等。

（二）常见排序算法的工作原理

了解常见排序算法的工作原理是掌握排序算法的关键。例如，冒泡排序通过重复地遍历待排序的数列，一次比较两个元素，如果它们的顺序错误就把它们交换过来；快速排序则通过一次排序先将待排序的数据分割成独立的两部分，其中一部分的所有数据比另一部分的所有数据都要小，然后按此方法对这两部分数据分别进行快速排序，整个排序过程可以递归进行，以此达到整个数据变成有序序列的目的。

（三）排序算法的性能分析

性能分析是评估排序算法优劣的重要手段。通常，我们使用时间复杂度和空间复杂度来衡量排序算法的性能。时间复杂度表示算法执行所需的时间随输入数据量的增长情况，空间复杂度则表示算法执行所需的额外空间。对于不同规模的输入数据，选择适当的时间复杂度和空间复杂度的排序算法至关重要。例如，对于大规模数据，我们通常会选择时间复杂度较低的快速排序或归并排序；而对于空间有限或数据规模较小的情况，则可以选择插入排序或冒泡排序等空间复杂度较低的算法。

（四）排序算法在实际应用中的选择

在实际应用中，选择合适的排序算法对于提高程序的性能和效率至关重要。我们需要根据具体的应用场景、数据规模、数据特性以及性能要求等因素来选择合适的排序算法。例如，在处理大量数据时，我们通常会选择时间复杂度较低的算法；在需要稳定排序的场合，我们会选择不会产生数据交换的算法；在内存受限的情况下，我们需要选择空间复杂度较低的算法。此外，对于一些特殊的数据类型或数据结构，我们还可以考虑使用非比较排序算法来提高排序效率。

（五）排序算法的优化与改进

排序算法的优化与改进是一个持续的过程。随着计算机科学和算法研究的不断发展，新的排序算法和优化技术不断涌现。在 Python 程序设计与应用教学中，我们应该鼓励学生积极思考和探索新的排序算法及优化方法。例如，可以通过改进排序算法的逻辑、优化数据结构、利用并行计算等方式来提高排序算法的性能。此外，我们还可以借鉴现有的优秀算法和技术，将其应用于实际问题中，以达到更好的效果。

排序算法是 Python 程序设计与应用教学中的重要内容之一。通过深入了解和掌握排序算法的基本概念、工作原理、性能分析以及实际应用中的选择和优化方法，我们可以更好地应用这些算法解决实际问题，提高程序的性能和效率。

四、查找算法

查找算法是 Python 程序设计与应用教学中的核心内容之一，它关乎着如何高效地检索数据以获取所需信息。无论是简单的线性查找，还是复杂的哈希查找，掌握这些算法的原理和应用对于提高程序的性能和用户体验都至关重要。

（一）查找算法的基本概念与分类

查找算法，顾名思义，是一类在数据集中用于搜索特定元素的算法。根据数据集的组织方式和搜索策略的不同，查找算法可以分为多种类型。常见的查找算法包括线性查找、二分查找、哈希查找等。线性查找是最简单的查找方式，它按顺序逐个比较数据集中的元素，直到找到目标元素或遍历完整个数据集。二分查找则是一种高效的查找算法，它要求数据集必须是已排序的，通过每次比较中间元素来缩小搜索范围。哈希查找则是利用哈希函数将关键字映射到特定的存储位置，从而实现快速查找。

（二）常见查找算法的工作原理与性能分析

了解常见查找算法的工作原理是掌握查找算法的关键。线性查找的工作原理简单明了，但其时间复杂度较高，特别是在大数据集上表现不佳。二分查找则通过不断缩小搜索范围来提高效率，其时间复杂度为对数级别，因此在已排序的数据集上表现优异。哈希查找则是通过哈希函数实现快速定位的，其时间复杂度接近常数级别，但在处理哈希冲突时需要注意。

性能分析是评估查找算法优劣的重要手段。时间复杂度是衡量查找算法性能的重要指标之一，它表示了算法执行时间随数据集规模增长的变化趋势；空间复杂度则反映了算法执行过程中所需的额外空间。在实际应用中，我们需要根据具体需求和数据特点选择合适的查找算法。例如，在处理大规模数据集时，我们通常会选择时间复杂度较低的二分查找或哈希查找；而在处理未排序的数据集时，线性查找可能是一个更简单的选择。

（三）查找算法在 Python 程序设计中的应用与优化

在 Python 程序设计中，查找算法的应用广泛而深入。无论是处理数据库中的记录、搜索文件中的信息，还是实现各种数据结构和算法，查找算法都发挥着关键作用。通过合理利用 Python 的数据类型（如列表、字典等）和内置函数（如 in 操作符等），我们可以轻松地实现各种查找操作。

然而，仅仅掌握基本的查找算法并不足以应对复杂的实际问题。在实际应用中，我们还需要根据具体场景对查找算法进行优化。例如，在处理大量数据时，我们可以考虑使用索引、缓存等技术来加速查找过程；在处理动态数据集时，我们可以采用动态调整哈希表大小、处理哈希冲突等策略来提高哈希查找的效率。

此外，随着技术的发展和算法研究的深入，新的查找算法和技术不断涌现。在 Python 程序设计与应用教学中，我们应该鼓励学生关注最新的研究成果和技术趋势，不断探索和创新。通过学习和实践新的查找算法，我们可以不断提升自己的编程能力和解决问题的能力。

通过深入学习和掌握查找算法的基本概念、工作原理和应用技巧，我们可以编写出更加高效、稳定的程序，为用户提供更好的体验。同时，我们还需要不断关注新的技术趋势和研究成果，以应对不断变化的实际需求。

五、递归与动态规划

在 Python 程序设计与应用教学中，递归与动态规划是两种非常重要的编程技术。它们不仅在算法设计中扮演着核心角色，还对培养学生的逻辑思维能力和问题解决能力具有深远的影响。

（一）递归的基本原理与应用

递归，简单来说，就是函数直接或间接地调用自身的一种编程技术。递归的基本思想是先将问题分解为规模更小的子问题，然后递归地解决这些子问题，最后将这些子问题的解合并起来，形成原问题的解。递归的实现需要满足两个条件：一是递归终止条件，即递归必须有一个或多个明确的终止条件，以确保递归能够最终停止；二是递归调用关系，即递归函数必须能够逐步缩小问题的规模，直至达到终止条件。

在 Python 程序设计中，递归的应用非常广泛。例如，在处理树形结构（如二叉树、目录结构等）时，递归是一种非常自然的解决方案。此外，递归还可以用于解决一些经典的算法问题，如阶乘计算、斐波那契数列等。需要注意的是，递归虽然简洁易懂，但在处理大规模问题时可能会导致栈溢出或性能下降，因此需要谨慎使用。

（二）动态规划的基本原理与应用

动态规划是一种用于解决重叠子问题和最优子结构问题的算法设计技术。它的基本思想是将问题分解为若干个子问题，并保存子问题的解以避免重复计算。通过自底向上的方式逐步求解子问题，并最终得到原问题的解。动态规划通常用于优化具有重叠子问题的场景，如背包问题、最长公共子序列等。

在 Python 程序设计中，动态规划的应用同样非常广泛。通过构建状态转移方程和保存中间结果，动态规划可以显著提高算法的效率。此外，动态规划还可以用于解决一些具有最优子结构性质的问题，如最短路径问题、资源分配问题等。需要注意的是，动态规划的实现需要仔细分析问题的结构，确定状态转移方程和边界条件，以确保算法的正确性和效率。

（三）递归与动态规划的比较与联系

递归和动态规划虽然都是解决复杂问题的有效方法，但它们在思想和应用上存在一些差异。递归强调问题的分解和自相似性，通过调用自身来逐步缩小问题规模；而动态规划则更注重问题的优化和避免重复计算，通过保存中间结果来提高算法效率。

然而，递归和动态规划之间也存在密切的联系。事实上，许多递归问题可以通过动态规划来进行优化。当递归函数中存在大量的重复计算时，我们可以考虑使用动态规划来保存中间结果，从而避免不必要的重复计算。此外，一些看似需要递归解决的问题，实际上也可以通过动态规划的方式进行转化和求解。

在 Python 程序设计与应用教学中，我们应该注重培养学生的递归思维和动态规划能力。通过引导学生分析问题的结构、确定问题的子问题和重叠性、构建状态转移方程等步骤，帮助学生掌握递归和动态规划的基本方法。同时，我们还应该鼓励学生多实践、多思考，通过解决实际问题来加深对递归和动态规划的理解和应用。

递归与动态规划是 Python 程序设计与应用教学中的重要内容。通过深入学习和掌握这两种编程技术的基本原理和应用方法，我们可以更好地解决复杂的算法问题，提高程序的效率和性能。同时，递归和动态规划的训练也有助于培养学生的逻辑思维能力和问题解决能力，为其未来的编程实践和创新打下坚实的基础。

第四章　Python 高级编程

第一节　函数与模块的应用

一、函数定义与调用

在 Python 程序设计与应用教学中，函数定义与调用是构建程序逻辑的基础，它们使得代码更易于理解、维护和复用。

（一）函数定义的基本概念

函数是 Python 编程语言中的一种重要结构，它封装了一段特定的代码，用于执行特定的任务。函数定义包括函数名、参数列表和函数体。函数名用于标识函数，参数列表用于传递输入数据，函数体则包含了实现特定功能的代码。通过定义函数，我们可以将复杂的程序逻辑拆分成多个独立、可重用的代码块，从而提高代码的可读性和可维护性。

（二）函数调用的过程

函数调用是执行函数的过程。在 Python 中，我们可以通过函数名加上括号和参数列表来调用一个函数。当函数被调用时，Python 会执行函数体中的代码，并返回结果（如果有的话）。函数调用可以出现在程序的任何位置，这使得我们可以灵活地组织代码，实现复杂的程序逻辑。

（三）函数参数传递与返回值

函数参数传递是函数调用时向函数传递数据的方式。Python 支持多种参数传递方式，包括位置参数、关键字参数、默认参数和可变参数等。这些参数传递方式使得我们可以灵活地处理函数的输入数据。同时，函数还可以通过返回值将计算结果或状态信息返回给调用者。返回值可以是任何 Python 数据类型，这使得函数可以处理各种复杂的任务并返回相应的结果。

（四）函数定义与调用的意义与应用

函数定义与调用的意义在于提高代码的可读性、可维护性和复用性。通过将程序逻辑拆分成多个独立的函数，我们可以使每个函数都专注于实现一个特定的功能，从而简化代码结构，提高代码的可读性。同时，由于函数是可重用的代码块，我们可以在不同的地方多次调用同一个函数，从而避免重复编写相同的代码，提高了代码的可维护性和复用性。

此外，函数定义与调用还有助于实现模块化编程和面向对象编程等高级编程技术。通过定义和调用函数，我们可以将程序划分为多个模块或类，每个模块或类都负责实现特定的功能或提供特定的服务。这使得我们可以更好地组织和管理代码，提高程序的可扩展性和可维护性。

在 Python 程序设计与应用教学中，我们应该注重培养学生的函数定义与调用能力。通过引导学生分析问题的需求、设计合理的函数结构、编写清晰的函数代码以及正确使用函数调用等方式，帮助学生掌握函数定义与调用的基本方法和技巧。同时，我们还应该鼓励学生多实践、多思考，通过编写实际的程序来加深对函数定义与调用的理解和应用。

函数定义与调用是 Python 程序设计与应用教学中的重要内容。通过学习和掌握函数定义与调用的基本概念、过程、参数传递与返回值以及意义与应用等方面的知识，我们可以更好地构建程序逻辑、提高代码质量并实现更高效的编程实践。

二、函数参数类型

在 Python 程序设计与应用教学中，函数参数类型是一个至关重要的概念。它关系到函数的灵活性、可维护性以及代码的可读性。了解并掌握不同的函数参数类型，对于编写高效、健壮的 Python 程序至关重要。

（一）位置参数与关键字参数

位置参数是函数定义中最基本的参数类型，它按照参数在函数定义中的位置进行传递。在调用函数时，必须按照定义的顺序传递相应数量的参数。这种参数传递方式简单、直观，适用于参数数量较少且顺序固定的场景。

关键字参数则允许在调用函数时通过参数名来指定参数值，而无须遵循特定的顺序。这种参数传递方式提高了函数的灵活性和可读性，特别是在参数数量较多或参数顺序容易混淆的情况下。使用关键字参数还可以避免参数顺序错误导致的函数调用失败问题。

（二）默认参数与可变参数

默认参数是指在函数定义中为参数指定默认值，这样在调用函数时如果没有提供该参数的值，就会使用默认值。默认参数可以提高函数的易用性，减轻调用者的负担。同时，它也可以用于处理函数的可选功能或配置选项。

可变参数则允许在函数定义中指定一个参数可以接受任意数量的值。这通常通过在参数名前加上一个星号（*）或两个星号（**）来实现。一个星号用于收集位置参数，将它们组成一个元组；而两个星号则用于收集关键字参数，将它们组成一个字典。可变参数使得函数能够处理不确定数量的输入，增强了函数的通用性和灵活性。

（三）参数类型注解与动态类型检查

虽然 Python 是一种动态类型语言，但在函数设计中，我们可以使用类型注解来为参数和返回值提供预期的类型信息。类型注解不仅有助于提高代码的可读性和可维护性，还可以配合第三方库进行动态类型检查，从而在一定程度上提高代码的健壮性。

类型注解使用冒号（:）后跟类型名称的方式标注在参数或返回值之前。例如，def greet(name: str) -> None: 表示 greet 函数接受一个字符串类型的 name 参数，并且不返回任何值。虽然 Python 解释器在运行时不会强制检查这些类型，但开发者和其他工具可以利用这些信息来优化代码、进行类型检查或生成文档。

动态类型检查工具可以在运行时检查变量的类型是否符合预期，从而帮助开发者捕获潜在的类型错误。这些工具可以集成到开发环境中，提供实时反馈和警告，使得类型错误能够在编码阶段就被发现和修复。

在 Python 程序设计与应用教学中，当教师教授函数参数类型时，应强调参数类型的选择对于函数设计的重要性。通过对比不同参数类型的特点和适用场景，帮助学生理解何时使用何种参数类型。同时，还应介绍类型注解和动态类型检查的概念和用法，以提高学生的代码质量和健壮性。

函数参数类型是 Python 程序设计中不可或缺的一部分。掌握不同的参数类型及其用法，有助于编写出更加灵活、健壮和易读的 Python 程序。通过教学和实践的结合，可以帮助学生深入理解函数参数类型的概念和应用，从而提升他们的编程能力和代码质量。

三、高阶函数与闭包

在 Python 程序设计与应用教学中，高阶函数与闭包是提升代码抽象性和复用性的重要工具。高阶函数和闭包的概念深化了我们对函数的理解，使我们能够在更高级别上操作函数，从而实现更为复杂和灵活的程序逻辑。

（一）高阶函数的定义与特性

高阶函数是指那些操作或接受其他函数作为参数，或者返回函数作为结果的函数。这种特性使得高阶函数能够以一种更加抽象和通用的方式处理函数，从而提高了代码的复用性和灵活性。高阶函数在 Python 中广泛应用，如内置的 map( )、filter( ) 和 reduce( ) 等函数都是高阶函数的典型代表。

高阶函数的特性在于其能够处理函数作为一等公民的能力。这意味着函数可以像其他数据类型一样被传递、赋值和返回。这种能力极大地扩展了函数的应用范围，使我们可以编写出更为通用和可复用的代码。

（二）闭包的概念与形成机制

闭包是 Python 中一个重要的概念，它指的是一个函数对象及其相关的引用环境所组成的一个整体。当一个函数内部定义了另一个函数，并且内部函数引用了外部函数的变量时，就形成了一个闭包。闭包的关键在于它能够记住并访问其被定义时的词法环境，即使在其外部函数已经执行完毕后。

闭包的形成机制主要依赖于 Python 的作用域规则和函数对象的特性。在 Python 中，函数对象具有一个特殊的属性"__closure__"，用于表示该函数是否是一个闭包。如果一个函数引用了其外部作用域的变量，那么 Python 解释器就会在函数对象中添加一个闭包对象，使得该函数能够访问其外部作用域的变量。

（三）高阶函数与闭包的应用场景

高阶函数和闭包在 Python 程序设计中有着广泛的应用场景。它们可以用于实现装饰器、函数柯里化、回调函数等高级功能，从而提高代码的复用性和灵活性。例如，装饰器就是一个典型的应用高阶函数和闭包的场景，它允许我们在不修改原有函数代码的情况下，为函数添加额外的功能或行为。

此外，高阶函数和闭包还可以用于实现一些复杂的算法和数据结构，如动态规划、图遍历等。通过利用高阶函数和闭包的特性，我们可以将这些算法和数据结构以更加简洁和通用的方式表达出来，从而提高代码的可读性和可维护性。

（四）高阶函数与闭包的教学意义

在 Python 程序设计与应用教学中，引入高阶函数与闭包的概念具有深远的意义。首先，它有助于培养学生的抽象思维和函数式编程思想，使他们能够以一种更加高级和灵活的方式理解和操作函数。其次，通过学习和掌握高阶函数与闭包的应用技巧，学生可以编写出更加高效、复用性强的代码，提高其编程能力和水平。

在教学过程中，教师可以结合具体的例子和练习，引导学生逐步理解高阶函数与闭包的概念和特性。通过实践操作，学生可以更加深入地理解这些概念的应用场景和优势，从而将其运用到实际的编程实践中。

四、模块导入与使用

在 Python 程序设计与应用教学中，模块导入与使用是一个至关重要的环节。模块是 Python 程序中用于组织代码的一种机制，通过将代码分割成不同的模块，我们可以提高代码的可读性、可维护性和复用性。

（一）模块的概念与意义

模块是 Python 中用于封装代码的基本单位，它可以是一个单独的 Python 文件，也可以是一个包含多个 Python 文件的包。模块中通常包含了一组相关的函数、类和变量，这些函数、类和变量可以在其他模块中被导入和使用。通过使用模块，我们可以将代码划分为逻辑上相关的部分，使代码结构更加清晰，便于阅读和维护。

在 Python 程序设计中，模块的意义在于实现代码的复用和共享。通过将常用的功能或算法封装成模块，我们可以在不同程序中重复使用这些模块，从而提高开发效率。此外，模块还可以作为程序设计的单元，帮助我们更好地组织和管理代码，使代码更加易于理解和维护。

（二）模块的导入方式

在 Python 中，我们可以使用 import 语句来导入模块。导入模块的方式有多种，可以根据具体需求选择不同的导入方式。

最基本的导入方式是先直接导入整个模块，然后通过模块名来访问其中的函数、类和变量。例如，import math 会先导入 Python 标准库中的 math 模块，然后我们可以使用 math.sqrt( ) 来调用该模块中的平方根函数。

除了直接导入整个模块外，我们还可以选择导入模块中的特定部分。例如，from math import sqrt 会只导入 math 模块中的 sqrt 函数，这样我们就可以直接使用 sqrt( ) 来调用该函数，而无须通过模块名进行访问。

此外，Python 还支持导入模块时为其指定别名。例如，import math as m 会将 math 模块导入并为其指定别名 m，然后我们可以使用 m.sqrt( ) 来调用平方根函数。这种导入方式在模块名较长或可能与当前程序中的其他变量名冲突时非常有用。

（三）模块的使用技巧

在使用模块时，我们需要注意一些技巧，以确保代码的正确性和可维护性。

首先，我们应该尽量避免在模块中定义全局变量，因为这可能导致意外的副作用和难以追踪的错误。如果需要在多个函数中共享数据，可以考虑使用类的属性或函数的返回值来传递数据。

其次，我们应该注意模块的命名和组织。模块名应该简洁明了，能够反映模块的功能或用途。同时，我们应该将相关的函数、类和变量组织在同一个模块中，以便于管理和维护。

最后，当我们在自己的程序中创建模块时，还需要注意模块的文档编写和测试。良好的文档可以帮助其他开发者理解模块的功能和使用方法，而测试则可以确保模块的正确性和稳定性。

（四）模块导入与使用的教学意义

在 Python 程序设计与应用教学中，教授模块导入与使用具有重要意义。通过学习和掌握模块的概念和用法，学生可以更好地组织和管理代码，提高代码的可读性和可维护性。同时，模块的使用还可以培养学生的代码复用意识和习惯，帮助他们提高编程效率和质量。

在教学过程中，教师可以结合具体的例子和练习，引导学生逐步掌握模块的导入和使用技巧。通过实践操作，学生可以更加深入地理解模块的概念和作用，从而将其应用到实际的编程实践中。

模块导入与使用是 Python 程序设计与应用教学中的重要内容。通过学习和掌握这些知识，学生可以编写出更加规范、高效和可维护的 Python 程序，为未来的编程实践和创新打下坚实的基础。

五、自定义模块与包

在 Python 程序设计与应用教学中，自定义模块与包的概念及实践占据着不可或缺的地位。它们不仅有助于我们更好地组织代码，提高代码的可读性和可维护性，还是实现代码复用和模块化开发的关键。

（一）自定义模块的意义与创建

自定义模块是 Python 中用于封装特定功能或算法的 Python 文件。通过创建自定义模块，我们可以将相关的函数、类和变量组织在一起，形成一个逻辑上完整的单元。这不仅可以提高代码的可读性和可维护性，还有助于实现代码的复用，减少代码冗余。

创建自定义模块非常简单，只需编写一个 Python 文件，并在其中定义所需的函数、类和变量，这个文件就可以被当作一个模块来导入和使用。需要注意的是，模块文件应该以 .py 为扩展名，且文件名应该简洁明了，能够反映模块的功能或用途。

（二）模块的搜索路径与导入机制

Python 解释器在导入模块时，会按照一定的搜索路径来查找模块文件。这些搜索路径包括当前目录、PYTHONPATH 环境变量指定的目录以及 Python 安装目录下的 lib/site-packages 目录等。了解模块的搜索路径有助于我们正确地放置和组织模块文件。

Python 提供了多种导入模块的方式，如直接导入整个模块、导入模块中的特定部分以及为模块指定别名等。这些导入方式可以根据具体需求灵活选择，以满足不同的编程需求。

（三）包的概念与结构

当我们的模块数量越来越多时，为了更好地组织和管理这些模块，我们可以使用包（package）来将它们分组。包是一个包含多个模块的目录，这个目录必须包含一个名为 __init__.py 的文件（即使是空文件），以标识该目录为一个 Python 包。

通过创建包，我们可以将相关的模块组织在一起，形成一个层次化的结构。这不仅可以提高代码的组织性，还有助于实现更高级别的代码复用和模块化开发。在包中，我们可以使用相对导入或绝对导入来引用其他模块，从而实现模块之间的互相调用。

（四）自定义模块的调试与测试

在创建和使用自定义模块的过程中，调试和测试是不可或缺的环节。通过调试，我们可以发现并修复模块中的错误和异常；通过测试，我们可以验证模块的功能和性能是否符合预期。

在 Python 中，我们可以使用内置的 pdb 模块进行调试，或者使用第三方测试框架，如 unittest 进行模块测试。这些工具可以帮助我们更高效地定位和解决问题，提高代码的质量和稳定性。

（五）自定义模块与包的教学意义

在 Python 程序设计与应用教学中，教授自定义模块与包的概念及实践具有重要意义。通过学习和掌握自定义模块与包的创建、组织、导入和使用技巧，学生可以更好地理解模块化开发的思想和方法，提高代码的组织性和可维护性。同时，通过实践调试和测试模块的过程，学生可以培养解决实际问题的能力和严谨的编程习惯。

在教学过程中，教师可以结合具体的项目实践或编程任务，引导学生逐步掌握自定义模块与包的应用技巧。通过让学生亲自动手创建和使用模块与包，他们可以更加深入地理解这些概念的作用和价值，从而将其应用到实际的编程实践中。

自定义模块与包是 Python 程序设计与应用教学中的重要内容。通过学习和掌握这些知识，学生可以编写出更加规范、高效和可维护的 Python 程序，为未来的编程实践和创新打下坚实的基础。

第二节 文件与目录操作

一、文件打开与关闭

在 Python 程序设计与应用教学中，文件的打开与关闭是数据处理与持久化存储的基本操作之一。对程序来说，文件作为计算机中存储数据的一种形式，是获取和存储信息的重要途径。因此，理解并掌握文件打开与关闭的机制和技巧，对 Python 程序员来说至关重要。

（一）文件打开的重要性

文件打开是文件操作的第一步，也是与文件进行交互的起始点。通过打开文件，程序可以读取或写入文件内容，从而实现数据的获取和存储。文件打开的正确性直接影响着后续文件操作的可行性。如果文件打开失败，后续的文件读写操作将无法进行。因此，在 Python 中，我们需要使用特定的函数来打开文件，并指定打开模式（如只读、写入、追加等）。

在教学过程中，教师应该强调文件打开的重要性，并解释不同打开模式的适用场景。例如，只读模式适用于读取文件内容而不进行修改的情况；写入模式则会覆盖文件中的原有内容；而追加模式则可以在文件末尾添加新内容而不影响原有内容。通过理解这些模式，学生可以更好地根据实际需求选择合适的打开方式。

（二）文件关闭的必要性

与文件打开相对应的是文件关闭。文件关闭是文件操作的最后一步，也是确保数据完整性和系统安全的重要环节。当程序完成对文件的操作后，应该及时关闭文件以释放系统资源。如果文件长时间保持打开状态，可能会导致资源泄露和系统性能下降。

在 Python 中，我们可以使用 close() 方法来关闭已打开的文件。当文件被关闭时，程序会释放与该文件相关的所有资源，并断开与文件的连接。因此，在教学过程中，教师应该强调文件关闭的必要性，并提醒学生在完成文件操作后及时关闭文件。

此外，为了确保文件总是能够正确关闭，我们还可以使用 with 语句来打开文件。with 语句可以确保在代码块执行完毕后自动关闭文件，即使发生异常也能保证文件的正确关闭。这种方式不仅简化了代码，还提高了程序的健壮性。

（三）文件路径与权限管理

在打开文件时，我们还需要指定文件的路径。文件路径既可以是相对路径也可以是绝对路径，具体取决于文件相对于当前工作目录的位置。了解如何正确地指定文件路径对于定位和操作文件至关重要。

同时，文件操作还涉及权限管理的问题。不同的操作系统和文件系统可能对文件访问权限有不同的限制。例如，某些文件只能由特定用户或用户组访问，或者某些操作可能需要特定的权限才能执行。因此，在教学过程中，教师应该向学生介绍文件权限的基本概念，并提醒他们在操作文件时注意权限问题。

（四）文件打开与关闭的教学意义

文件打开与关闭作为 Python 程序设计与应用教学中的基础内容，对于培养学生的编程习惯和数据处理能力具有重要意义。通过学习和实践文件打开与关闭的操作，学生可以掌握基本的文件操作技巧，为后续的数据处理和存储打下坚实的基础。

此外，文件操作也是实际项目中常见的需求之一。通过教学和实践，学生可以更好地理解文件操作在实际项目中的应用场景和需求，提高其解决实际问题的能力。

文件打开与关闭是 Python 程序设计与应用教学中的重要内容。通过深入讲解和实践操作，教师可以帮助学生掌握文件操作的基本技巧和方法，为后续的编程实践和创新发展奠定坚实的基础。

二、文件读写模式

在 Python 程序设计与应用教学中，文件的读写模式是一个至关重要的概念。不同的读写模式决定了程序如何与文件进行交互，从而实现了不同的数据处理需求。对 Python 程序员来说，了解并熟练掌握各种文件读写模式，是编写高效、稳定程序的关键。

（一）文本模式与二进制模式

文件的读写模式可以分为文本模式和二进制模式。文本模式是按照特定的编码格式（如 UTF-8、GBK 等）对文件进行读写，适用于处理文本文件；而二进制模式则是直接对文件的字节进行读写，适用于处理图像、音频、视频等二进制文件。

在 Python 中，打开文件时可以通过指定 mode 参数来选择文本模式或二进制模式。例如，mode='r' 表示以文本模式读取文件，mode='rb' 则表示以二进制模式读取文件。选择正确的模式对于避免乱码和数据损坏至关重要。

在教学过程中，教师应强调文本模式和二进制模式的区别，并解释不同模式下文件读写的特点。同时，可以结合实际例子，展示不同模式下处理文本文件和二进制文件的效果，从而帮助学生深入理解。

（二）只读、写入与追加模式

除了文本模式和二进制模式外，文件的读写模式还包括只读、写入和追加等模式。只读模式允许程序读取文件内容，但不允许修改；写入模式会覆盖文件中的原有内容；而追加模式则可以在文件末尾添加新内容而不影响原有内容。

这些模式的选择取决于程序对文件的具体操作需求。例如，如果只需要读取文件内容进行分析或展示，那么应选择只读模式；如果需要修改文件内容或创建新文件，则应选择写入或追加模式。

在教学中，教师应详细解释各种读写模式的特点和适用场景，并引导学生根据实际需求选择合适的模式。同时，可以通过设计一些实际任务，让学生在实践中体验不同模式的使用方法和效果。

（三）缓冲与非缓冲模式

文件的读写还涉及缓冲与非缓冲模式的概念。缓冲模式是指程序在读写文件时，会先将数据存储在缓冲区中，再一次性写入文件或从文件中读取。这种方式可以提高文件读写的效率，但可能会增加内存占用。非缓冲模式则是直接对文件进行读写，没有缓冲区。

在 Python 中，可以通过设置 buffering 参数来选择缓冲模式或非缓冲模式。默认情况下，Python 使用缓冲模式进行文件读写。但在某些特殊情况下，如需要实时处理文件内容或避免内存占用过多时，可以选择使用非缓冲模式。

在教学中，教师应介绍缓冲模式和非缓冲模式的原理及优缺点，并帮助学生理解如何根据实际需求选择合适的模式。同时，教师可以通过对比实验，展示不同模式下文件读写的性能差异，让学生有更直观的认识。

（四）文件锁定与共享

在多线程或多进程环境中进行文件读写时，还需要考虑文件锁定与共享的问题。文件锁定可以防止多个线程或进程同时修改文件内容，避免数据冲突和不一致；而文件共享则允许多个线程或进程同时访问文件内容，提高了系统的并发性能。

Python 提供了一些机制来实现文件的锁定与共享，如使用文件锁（file lock）或利用操作系统的同步原语。在教学过程中，教师应介绍这些机制的基本原理和使用方法，并帮助学生理解如何在多线程或多进程环境中安全地进行文件读写操作。

（五）文件读写模式的教学意义

文件读写模式是 Python 程序设计与应用教学中的重要内容之一。通过学习和掌握各种读写模式的特点和使用方法，学生可以更好地理解和控制文件的读写操作，从而提高程序的稳定性和效率。同时，这也有助于培养学生的逻辑思维能力和数据处理能力，为未来的编程实践和创新发展打下坚实的基础。

文件读写模式是 Python 程序设计与应用教学中的关键知识点。通过深入讲解和实践操作，教师可以帮助学生全面掌握这一内容，为后续的编程实践和创新发展提供有力的支持。

三、文件内容处理

在 Python 程序设计与应用教学中，文件内容处理是一个至关重要的环节。它涉及对文件内数据的读取、解析、修改和存储等多个方面，是实现数据持久化和应用功能的关键步骤。

（一）文件内容的读取与解析

文件内容的读取与解析是文件内容处理的第一步。读取文件内容意味着从文件中获取数据，而解析则是对这些数据进行结构和意义的提取。在 Python 中，我们可以使用内置的 open( ) 函数结合不同的读写模式来读取文件内容。对于文本文件，通常使用 read( )、readline( ) 或 readlines( ) 等方法来获取文本数据；而对于二进制文件，可能需要使用更复杂的解析方法，如结构体解析法或协议解析法。

在教学过程中，教师需要强调文件读取与解析的重要性，并指导学生如何根据文件类型和内容格式选择合适的读取与解析方法。此外，教师还需要提醒学生注意处理文件读取时可能出现的异常，如文件不存在、读取权限不足等，确保程序的健壮性。

除了基本的读取与解析方法外，教师还可以介绍一些高级技术，如使用正则表达式进行文本匹配与提取，或者使用第三方库（如 Pandas）来处理结构化的数据文件。这些技术可以帮助学生更高效地处理文件内容，提高数据处理能力。

（二）文件内容的修改与更新

文件内容的修改与更新是文件内容处理的核心环节。在 Python 中，我们可以通过写入操作来修改文件内容。对于文本文件，可以使用 write( ) 方法将新的文本数据写入文件。对于二进制文件，则需要使用相应的二进制写入方法。需要注意的是，在进行写入操作时，通常需要以写入模式打开文件，这会覆盖文件中的原有内容。如果需要在文件末尾添加新内容而不影响原有内容，则应使用追加模式。

在教学过程中，教师应指导学生掌握文件写入的基本方法，并强调在写入操作前备份原有文件的重要性，以防数据丢失。此外，还需要注意处理写入时可能出现的异常，如磁盘空间不足、写入权限不足等。

除了基本的写入操作外，教师还可以介绍一些高级技术，如使用文件锁来确保写入操作的原子性，或者使用内存映射文件来提高写入性能。这些技术可以帮助学生更好地控制文件内容的修改与更新过程，提高程序的稳定性和效率。

（三）文件内容的存储与备份

文件内容的存储与备份是文件内容处理的最后一步。存储意味着将处理后的数据保存回文件，备份则是为了防止数据丢失而进行的操作。在 Python 中，我们可以使用与写入操作相同的方法将数据保存回文件。对于备份操作，可以简单地复制文件到另一个位置，或者使用更复杂的备份策略，如增量备份或差异备份。

在教学过程中，教师应强调文件存储与备份的重要性，并指导学生如何制定合适的备份策略。此外，还需要提醒学生注意处理存储与备份时可能出现的异常，如磁盘故障、网络中断等。为了确保数据的安全性，教师还可以介绍一些加密和压缩技术，用于保护备份文件的安全性和减少存储空间的使用。

文件内容处理是 Python 程序设计与应用教学中的重要内容之一。通过学习和掌握文件内容的读取与解析、修改与更新以及存储与备份等技能，学生可以更好地处理和分析文件数据，为实际应用的开发提供有力支持。在教学过程中，教师应注重理论与实践的结合，通过丰富的教学方法和实践项目来提高学生的实践能力和创新精神。

四、目录操作

在 Python 程序设计与应用教学中，目录操作是一个至关重要的环节。目录，也称为文件夹，是文件系统中用于组织和管理文件的基本单位。通过目录操作，程序员可以创建、删除、查询和修改目录结构，从而实现对文件系统的有效管理和维护。

（一）目录的创建与删除

目录的创建与删除是目录操作的基础。在 Python 中，我们可以使用 os 模块提供的函数来实现这些操作。os.mkdir( ) 函数用于创建新目录，而 os.rmdir( ) 函数则用于删除空目录。这些函数的使用相对简单，但需要注意的是，在删除目录之前，必须确保该目录为空，否则删除操作会失败。

在教学过程中，教师应强调目录创建与删除的重要性，并指导学生如何正确使用这些函数。此外，还需要提醒学生注意目录的权限问题，确保程序有足够的权限来创建和删除目录。

（二）目录的遍历与查询

目录的遍历与查询是目录操作中常用的功能。遍历目录意味着访问目录中的所有文件和子目录，而查询则是对目录中的内容进行搜索和定位。在 Python 中，我们可以先使用 os.listdir( ) 函数获取目录中的文件和子目录列表，然后使用递归或循环的方式来遍历整个目录树。对于查询操作，可以使用通配符或正则表达式来匹配文件名，从而实现精确或模糊查询。

在教学过程中，教师应教授学生如何使用这些函数和技巧来遍历和查询目录；同时，还需要强调目录结构的复杂性，提醒学生在遍历目录时要注意避免无限递归和内存泄露等问题。

（三）目录的修改与重命名

目录的修改与重命名是目录操作中常见的需求。修改目录通常指的是更改目录的属性或权限，而重命名则是将目录的名称更改为新的名称。在 Python 中，我们可以使用 os.chmod( ) 函数来修改目录的权限，使用 os.rename( ) 函数来重命名目录。这些操作需要谨慎进行，因为错误的修改或重命名可能导致数据丢失或访问权限问题。

在教学过程中，教师应向学生介绍这些函数的用法和注意事项，并指导学生在何种情况下使用它们。同时，教师还需要强调权限管理的重要性，确保学生在修改目录权限时遵循正确的安全规范。

（四）目录操作的高级应用

除了基本的创建、删除、遍历、查询、修改和重命名操作外，目录操作还有一些高级应用。例如，我们可以使用 Python 的 shutil 模块来实现目录的复制和移动操作，这在备份和迁移数据时非常有用；还可以使用 os.path 模块来检查目录的存在性、判断目录是否为空等，这些功能在实际应用中也很常见。

在教学过程中，教师应向学生介绍这些高级应用，并引导他们根据实际需求选择合适的函数和模块。同时，教师还需要强调目录操作的灵活性和复杂性，鼓励学生通过实践来掌握这些技能。

目录操作是 Python 程序设计与应用教学中的重要内容之一。通过学习和掌握目录的创建与删除、遍历与查询、修改与重命名以及高级应用等技能，学生可以更好地管理和维护文件系统，为实际应用的开发提供有力支持。在教学过程中，教师应注重理论与实践相结合，通过丰富的教学方法和实践项目来培养学生的实践能力和创新精神。

五、文件路径处理

在 Python 程序设计与应用教学中，文件路径处理是一个至关重要的环节。文件路径是操作系统用于定位文件的唯一标识，它指明了文件在文件系统中的具体位置。正确地处理文件路径对于程序读取、写入和管理文件至关重要。

（一）绝对路径与相对路径

文件路径可以分为绝对路径和相对路径两种。绝对路径是从文件系统的根目录开始，一直到达目标文件的完整路径。它包含了所有的目录和子目录，并且不会受到当前工作目录的影响。相对路径则是相对于当前工作目录的路径。它根据当前工作目录来确定目标文件的位置，因此，相对路径会随着当前工作目录的改变而改变。

在 Python 程序设计中，使用绝对路径还是相对路径，取决于程序的具体需求和运行环境。对于需要跨平台运行的程序，或者需要确保文件位置始终不变的程序，使用绝对路径可能更为合适；而对于那些需要在不同目录间灵活切换的程序，使用相对路径可能更为方便。

在教学过程中，教师应详细解释绝对路径和相对路径的概念和区别，并引导学生根据实际需求选择合适的路径类型。同时，还需要提醒学生注意不同操作系统对路径分隔符的要求，如 Windows 系统使用反斜杠"\"，而 Unix/Linux 系统使用正斜杠"/"。

（二）路径的拼接与解析

路径的拼接与解析是文件路径处理中的基本操作。路径拼接将多个目录或文件名组合成一个完整的文件路径。在 Python 中，可以使用 os.path.join( ) 函数来实现路径的拼接，该函数会自动处理不同操作系统下的路径分隔符问题。路径解析则是将文件路径分解为各个组成部分，如目录、文件名和扩展名等。这有助于程序对文件路径进行更为细致的处理和操作。

在教学过程中，教师应介绍路径拼接与解析的方法和技巧，并指导学生正确使用相关函数；同时，还需要强调路径格式的重要性，确保拼接和解析后的路径符合操作系统的要求。此外，教师还可以介绍一些高级技巧，如使用正则表达式来匹配和解析复杂的文件路径。

（三）路径的规范化与标准化

路径的规范化与标准化是文件路径处理中的重要环节。规范化路径是指消除路径中的冗余部分，如连续的目录分隔符、当前目录指示符（如"."）和上级目录指示符（如".."）等。标准化路径则是将路径转换为一种统一、可预测的形式，以便于程序的处理和比较。

在 Python 中，可以使用 os.path.normpath( ) 函数来实现路径的规范化，该函数会消除路径中的冗余部分并返回一个规范的路径字符串。对于标准化路径，虽然没有直接的函数可以实现，但可以通过一些技巧和规则来手动实现，如统一使用正斜杠作为路径分隔符、将路径转换为小写等。

在教学过程中，教师应强调路径规范化与标准化的重要性，并指导学生如何使用相关函数和技巧来实现这些操作；同时，还需要提醒学生在处理文件路径时注意安全性问题，避免路径注入等安全漏洞。

文件路径处理是 Python 程序设计与应用教学中的重要内容之一。通过学习和掌握绝对路径与相对路径、路径的拼接与解析以及路径的规范化与标准化等技能，学生可以更好地处理和管理文件路径，为程序的稳定运行和高效操作提供有力支持。

第三节 异常处理与调试技术

一、异常的基本概念

在 Python 程序设计与应用教学中，异常处理是一个至关重要的概念。异常是指在程序执行过程中出现的、不符合正常执行流程的情况。当 Python 解释器在执行代码时，遇到了无法处理的错误或特殊情况，就会抛出异常。

（一）异常的定义与分类

异常是程序运行过程中的一种特殊状态，它通常表示出现了某种错误或意外情况。Python 中定义了多种类型的异常，如 ValueError 表示值错误，TypeError 表示类型错误，IndexError 表示索引错误等。这些异常类型根据其错误的性质进行了分类，方便程序员根据不同的异常类型进行相应的处理。

（二）异常的产生与处理

在 Python 中，异常通常是由于以下几种情况产生的：代码中的语法错误、类型不匹配、文件不存在、网络错误等。当异常产生时，Python 解释器会中断当前的代码执行流程，并抛出异常。为了处理这些异常，Python 提供了异常处理机制，包括 try-except 语句块和 finally 语句块。try 块中放置可能产生异常的代码，except 块用于捕获并处理特定的异常，而 finally 块中的代码无论是否发生异常都会执行。

（三）异常传递与捕获

在 Python 中，异常具有传递性。当一个函数或方法内部发生异常时，如果该函数或方法没有处理该异常，那么异常会沿着调用栈向上传递，直到被捕获或程序终止。这种传递机制使得程序员可以在合适的层次上处理异常，避免了异常扩散到整个程序中。通过 try-except 语句块，程序员可以捕获并处理特定类型的异常，从而确保程序的健壮性和稳定性。

（四）自定义异常

除了 Python 内置的异常类型外，程序员还可以根据需要自定义异常。自定义异常允许程序员定义具有特定含义的异常类型，以便在程序中更精确地表达和处理错误情况。自定义异常通常通过继承 Exception 类或其子类来实现，并可以根据需要对其添加属性和方法。通过抛出和捕获自定义异常，程序员可以更好地控制程序的执行流程，提高代码的可读性和可维护性。

（五）异常处理的重要性

异常处理在 Python 程序设计与应用中具有重要意义。首先，它可以帮助程序员更好地控制程序的执行流程，确保程序在遇到错误时能够优雅地退出或采取适当的补救措施。其次，通过合理的异常处理，程序员可以避免程序因为未处理的异常而崩溃或产生不可预测的结果。最后，异常处理还可以提高代码的可读性和可维护性，使其他程序员能够更容易地理解和修改代码。

异常是 Python 程序设计与应用中的一个重要概念。通过理解异常的定义与分类、掌握异常的产生与处理机制、了解异常传递与捕获的原理、学会自定义异常以及认识到异常处理的重要性，程序员可以编写出更加健壮、稳定和可维护的 Python 程序。在教学过程中，教师应注重引导学生深入理解异常处理的概念和原理，并通过实践项目让学生体验异常处理的实际应用。

二、try-except 语句

在 Python 程序设计与应用教学中，try-except 语句是异常处理机制的核心组成部分。它允许程序员定义一段可能引发异常的代码块，并指定当异常发生时应该如何处理。try-except 语句的使用不仅有助于提高程序的健壮性，还能够使程序在异常情况下继续运行或采取适当的恢复措施。

（一）try-except 语句的基本结构

try-except 语句的基本结构由 try 块和 except 块组成。try 块中包含了可能引发异常的代码，而 except 块则用于捕获并处理这些异常。当 try 块中的代码引发异常时，Python 解释器会立即中断 try 块的执行，转而查找匹配的 except 块来处理该异常。如果没有找到匹配的 except 块，或者 except 块中没有提供处理该异常的代码，那么程序将会终止并输出错误信息。

try-except 语句的基本结构允许程序员根据需要添加多个 except 块，以处理不同类型的异常。每个 except 块可以指定一个或多个异常类型，并包含相应的处理代码。当异常发生时，Python 解释器会根据异常的类型选择相应的 except 块来进行处理。

（二）try-except 语句的执行流程

try-except 语句的执行流程相对直观。当程序执行到 try 块时，会首先尝试执行 try 块中的代码。如果 try 块中的代码正常执行完毕，那么整个 try-except 语句也会正常结束，后续的代码将继续执行。然而，如果 try 块中的代码引发了异常，那么 Python 解释器会立即中断 try 块的执行，并开始查找匹配的 except 块。

在查找匹配的 except 块时，Python 解释器会按照 except 块的顺序进行遍历，一旦找到与异常类型匹配的 except 块，就会执行该 except 块中的代码来处理异常。处理完异常后，程序会跳过剩余的 try 块和 except 块，继续执行 try-except 语句之后的代码。

需要注意的是，一旦某个 except 块处理了异常，那么后续的 except 块将不再被检查。因此，在编写 try-except 语句时，需要确保 except 块的顺序是合理的，以便其正确地处理不同类型的异常。

（三）try-except 语句的应用场景

try-except 语句在 Python 程序设计与应用中具有广泛的应用场景。首先，在读取文件、进行网络请求或操作数据库等可能引发异常的操作中，使用 try-except 语句可以确保程序在异常情况下能够优雅地处理错误，而不是直接崩溃。其次，在编写复杂的逻辑或算法时，使用 try-except 语句可以捕获并处理潜在的异常情况，从而避免程序因为未处理的异常而陷入混乱状态。最后，在开发用户界面或交互式程序时，使用 try-except 语句可以捕获用户的错误输入或非法操作，并向用户提供友好的错误提示。

除了基本的 try-except 语句外，Python 还提供了其他与异常处理相关的语法和特性，如 finally 块、else 块以及自定义异常等。这些特性可以进一步丰富 try-except 语句的功能和灵活性，使程序员能够更精确地控制异常处理流程。

try-except 语句是 Python 程序设计与应用中处理异常的重要机制。通过理解其基本结构、执行流程和应用场景，程序员可以编写出更加健壮和稳定的程序，并能够有效地处理各种异常情况。在教学过程中，教师应注重引导学生深入理解 try-except 语句的原理和用法，并通过实践项目让学生体验其在实际编程中的重要作用。

三、异常传递与 finally 块

在 Python 程序设计与应用教学中，异常传递与 finally 块是异常处理机制的重要组成部分。它们为程序员提供了更精细的控制，确保即使在异常发生的情况下，一些必要的清理工作或资源释放也能得到执行。

（一）异常传递的基本概念

异常传递是指当异常在程序中产生时，如果没有被当前层次的代码捕获处理，那么它会沿着调用栈向上传递，直到被合适的异常处理代码捕获。这是 Python 异常处理机制的一个核心特性，它允许程序员在合适的层次上处理异常，避免异常对整个程序的运行造成影响。

在异常传递的过程中，如果某个函数或方法内部发生了异常，并且该异常没有被该函数或方法内部的异常处理代码捕获，那么这个异常会被传递给调用该函数或方法的代码。这样，异常可以在不同的代码层次之间传递，直到找到能够处理它的异常处理代码。

（二）finally 块的作用与机制

finally 块是 try-except 语句的一个可选部分，无论它是否发生异常都会执行。finally 块的主要作用是确保在 try 块或 except 块执行完毕后，一些必要的清理工作或资源释放能够得到执行。这对于防止资源泄露和确保程序的稳定性非常重要。

当 try 块或 except 块中的代码执行完毕后，finally 块中的代码会无条件执行。这意味着无论是否发生了异常，finally 块都会执行。这使得 finally 块成为执行清理工作的理想位置，如关闭文件、释放网络连接或恢复程序状态等。

需要注意的是，如果 try 块或 except 块中的代码引发了未处理的异常，并且该异常没有被更高层次的代码捕获处理，那么程序会在执行完 finally 块后终止，并输出错误信息。但是，finally 块中的代码仍然会得到执行，确保清理工作的完成。

（三）异常传递与 finally 块的协同工作

异常传递和 finally 块在异常处理机制中协同工作，为程序员提供了更强大的控制能力。当异常在 try 块或 except 块中产生时，如果没有被当前层次的代码捕获处理，那么异常会沿着调用栈向上传递。在这个过程中，如果存在 finally 块，那么 finally 块中的代码会在异常传递之前执行。

这种协同工作的机制确保了即使在异常发生的情况下，一些必要的清理工作或资源释放也能得到执行。同时，它也允许程序员在更高的层次上捕获并处理异常，避免异常对整个程序的运行造成影响。

（四）finally 块在异常处理中的重要性

finally 块在异常处理中的重要性不容忽视。它提供了一种机制，确保在异常发生或程序正常退出时，一些必要的操作总能得到执行。这对于防止资源泄露、确保程序得稳定性以及提高程序的健壮性非常关键。

通过合理使用 finally 块，程序员可以编写出更加健壮和可靠的程序。例如，在打开文件或创建网络连接时，可以使用 finally 块来确保在程序结束前关闭文件或断开连接。这样可以有效防止忘记关闭资源而导致的资源泄露问题。

此外，finally 块还可以用于恢复程序状态或执行一些必要的清理工作。例如，在修改全局变量或更新数据库时，可以使用 finally 块来确保在异常发生后能够恢复到之前的状态，避免数据不一致或损坏的问题。

异常传递与 finally 块是 Python 异常处理机制的重要组成部分。它们为程序员提供了更为精细的控制能力，确保其即使在异常发生的情况下，一些必要的操作也能得到执行。在教学过程中，教师应注重引导学生深入理解异常传递和 finally 块的概念与机制，并通过实践项目让学生体验其在实际编程中的重要作用。

四、自定义异常

在 Python 程序设计与应用教学中，自定义异常是一个重要的概念。它允许程序员根据实际需求定义新的异常类型，以便在程序中更精确地表达和处理错误情况。通过自定义异常，程序员可以提高代码的可读性和可维护性，同时增强程序的健壮性和灵活性。

（一）自定义异常的基本概念

自定义异常是指程序员根据特定需求定义的新的异常类型。Python 内置的异常类型往往无法满足所有应用场景，因此，通过自定义异常，程序员可以定义具有特定含义的异常类型，以便在程序中更准确地表达和处理错误情况。自定义异常通常继承自 Python 内置的 Exception 类或其子类，并可以根据需要添加属性和方法。

（二）自定义异常的创建与使用

创建自定义异常非常简单，只需要定义一个继承自 Exception 或其子类的类即可。这个类可以包含一些属性来存储有关异常的信息，以及一个或多个方法来描述如何处理该异常。在程序中，当需要抛出自定义异常时，可以使用 raise 语句来触发异常。一旦异常被触发，程序的控制流将立即跳转到最近的异常处理代码块（try-except 语句块）。

自定义异常的使用使得程序能够更准确地反映特定的错误情况。通过捕获并处理这些异常，程序员可以确保程序在遇到错误时能够采取适当的补救措施，而不是简单地崩溃或输出通用的错误信息。

（三）自定义异常在程序设计中的优势

自定义异常在程序设计中具有显著的优势。首先，通过定义具有特定含义的异常类型，程序员可以提高代码的可读性和可维护性。当其他程序员阅读代码时，他们可以通过异常类型快速理解可能发生的错误情况，从而更容易地理解和修改代码。其次，自定义异常允许程序员更精确地控制程序的执行流程。通过捕获并处理特定类型的异常，程序员可以确保程序在遇到错误时能够采取适当的操作，如回滚事务、释放资源或提供用户友好的错误提示。再次，自定义异常还可以增强程序的健壮性和灵活性。通过定义多种类型的异常，程序员可以处理各种可能的错误情况，从而使程序更加健壮。最后，自定义异常也使得程序更易于扩展和修改，因为新的错误情况可以通过添加新的异常类型来处理。

（四）自定义异常的实践指导

在实际应用中，创建和使用自定义异常时需要注意以下几点。首先，自定义异常应该具有明确的含义和用途，避免创建过于笼统或重复的异常类型。其次，自定义异常的命名应该遵循 Python 的命名规范，以便于理解和使用。再次，在抛出异常时，应该提供足够的上下文信息，以便在异常处理代码中能够准确地定位和处理问题。最后，自定义异常应该与程序的业务逻辑紧密结合，根据实际需求来定义和处理异常。

在教学过程中，教师可以通过引导学生分析实际项目中的错误情况，让他们理解自定义异常的必要性和优势。同时，教师可以提供一些练习和实践机会，让学生亲自动手创建和使用自定义异常，从而加深其对这一概念的理解和掌握。

自定义异常是 Python 程序设计与应用中的一个重要概念。通过创建和使用自定义异常，程序员可以提高代码的可读性和可维护性，增强程序的健壮性和灵活性。在教学过程中，教师应注重引导学生掌握自定义异常的基本概念、创建与使用方法以及实践指导，使他们能够在实际编程中灵活应用这一技术。

五、调试技术与工具

调试技术与工具是 Python 程序设计与应用教学中不可或缺的一部分。调试是程序员定位和修复程序错误的过程，而有效的调试工具和技术能够大大提高调试的效率。

（一）调试的基本概念与重要性

调试是程序开发过程中不可或缺的一环。它涉及对程序进行错误定位、错误分析和错误修复。在 Python 程序设计中，由于语言的动态性和灵活性，错误和异常往往难以避免。因此，掌握调试的基本概念和方法，对程序员来说至关重要。通过调试，程序员能够深入了解程序的运行过程，发现潜在的问题，并采取相应的措施进行修复。

（二）Python 内置的调试工具

Python 语言本身提供了一些内置的调试工具，如 print 语句、assert 语句和 logging 模块等。这些工具虽然简单，但在调试过程中却非常实用。print 语句可以用于输出变量的值或程序的执行流程，帮助程序员了解程序的运行状态；assert 语句则可以在程序中设置检查点，当条件不满足时触发异常，从而快速定位问题所在；logging 模块则提供了更强大的日志记录功能，可以记录程序的运行信息、错误信息等，方便后续的分析和调试。

（三）第三方调试工具

除了 Python 内置的调试工具外，还有许多第三方调试工具可供选择。这些工具通常具有更强大的功能和更友好的界面，能够提供更高效的调试体验。例如，pdb 是 Python 标准库中的一个交互式源代码调试器，它提供了丰富的调试命令和选项，可以帮助程序员逐步执行代码、查看变量值、设置断点等。此外，还有一些集成开发环境（IDE），如 PyCharm、VS Code 等，它们内置了强大的调试功能，能够自动识别代码中的错误并提供修复建议。

（四）调试策略与技巧

有效的调试不仅需要合适的工具，还需要掌握一些调试策略和技巧。首先，程序员应该熟悉程序的结构和逻辑，了解每个模块的功能和它们相互之间的关系。其次，在调试过程中要保持冷静和耐心，不要急于求成或盲目尝试。再次，当遇到问题时，应该仔细分析错误信息或异常堆栈，定位问题的根源。最后，还可以使用二分法、分治法等策略来缩小问题的范围，从而提高调试的效率。

（五）调试实践与教学建议

在实际教学中，教师应该注重培养学生的调试能力。首先，可以通过布置一些含有错误的程序让学生自行调试，让他们在实践中掌握调试的基本方法和技巧。其次，教师可以引导学生学习并使用一些常用的调试工具，让他们了解这些工具的功能和使用方法。最后，教师还可以分享一些自己的调试经验和心得，帮助学生更好地应对调试过程中遇到的问题。

同时，学生也应该积极参与到调试实践中。通过不断地调试和修复错误，学生可以加深对 Python 语言的理解和应用，提高自己的编程水平。此外，学生还可以参与一些开源项目的开发或参与编程竞赛等活动，通过实践来锻炼自己的调试能力。

调试技术与工具在 Python 程序设计与应用教学中占据着重要的地位。通过掌握调试的基本概念和方法、使用合适的调试工具以及掌握一些调试策略和技巧，学生可以更好地应对程序开发过程中的错误和异常，提高自己的编程能力和水平。

第五章 Python 应用与开发

第一节 面向对象编程

一、类与对象的概念

在 Python 程序设计与应用教学中，类与对象的概念是构建面向对象程序设计（OOP）基础的核心要素。理解这两个概念，对于掌握 Python 的高级特性以及编写高效、可维护的代码至关重要。

（一）类的定义与特性

类（Class）是面向对象编程中的一个核心概念，它是对具有相同属性和方法的对象的抽象描述。类定义了对象的结构，包括对象的属性和方法。属性是对象的数据成员，用于存储对象的状态信息；而方法则是对象的行为，描述了对象可以执行的操作。

在 Python 中，我们可以使用 class 关键字来定义一个类。类的定义通常包括类名、继承关系（可选）以及类的主体部分，其中类的主体部分包含了类的属性和方法的定义。类提供了一种创建新对象的模板，通过这个模板，我们可以创建出具有相同属性和方法的多个对象实例。

类的一个重要特性是封装性，它允许我们将数据（属性）和操作数据的方法封装在一起，形成一个独立的单元。这种封装性有助于隐藏对象的内部状态和实现细节，只对外暴露必要的接口，从而提高了代码的安全性和可维护性。

（二）对象的创建与使用

对象是类的实例化结果，它包含了类定义的所有属性和方法。在 Python 中，我们可以使用类名加上括号来创建对象。创建对象时，可以传递参数给类的构造函数（__init__ 方法），以初始化对象的属性。

一旦对象被创建，我们就可以通过对象名来访问其属性和调用其方法。对象的属性存储了对象的状态信息，而对象的方法则描述了对象可以执行的操作。通过操作对象的属性和方法，我们可以实现各种复杂的功能。

对象的使用是面向对象编程的核心。通过将现实世界中的事物抽象为对象，我们可以利用对象的属性和方法来模拟事物的行为和状态变化。这种以对象为中心的思考方式使得代码更加直观、易于理解和维护。

（三）类与对象的关系及意义

类与对象之间存在着紧密的关系。类是对象的抽象描述，而对象是类的具体实例。类定义了对象的结构和行为，而对象则是类的实际存在和表现。

理解类与对象的关系对于掌握面向对象编程至关重要。通过定义类，我们可以创建出具有相同属性和方法的多个对象，从而实现代码的复用和简化。同时，通过封装数据和操作数据的方法，我们可以提高代码的安全性和可维护性。

类与对象的意义在于提供了一种更加自然和直观的方式来描述和组织代码。通过将现实世界中的事物抽象为对象，并利用类的特性来定义和管理这些对象，我们可以编写出更加灵活、可扩展和易于维护的代码。这种以对象为中心的编程方式使得代码更加符合人类的思维方式，提高了程序的可读性和可理解性。

类与对象的概念是 Python 程序设计与应用教学中的重要内容。通过深入理解这两个概念以及它们之间的关系和意义，我们可以更好地掌握面向对象编程的精髓，进而编写出更加高效、可维护的代码。在教学过程中，教师应注重引导学生理解类与对象的本质和作用，通过实践案例来加深学生的理解和应用能力。

二、类的定义与实例化

在 Python 程序设计与应用教学中，类的定义与实例化是构建面向对象编程的基石。类是对象的蓝图或模板，它定义了对象的属性（数据成员）和方法（函数成员），而实例化则是根据这个蓝图创建具体对象的过程。

（一）类的定义

在 Python 中，类的定义使用关键字 class，后面紧跟类名，类名通常以大写字母开头，以符合 Python 的命名惯例。类的主体部分包含在缩进的代码块中，其中可以定义类的属性和方法。属性是类的变量，用于存储类的状态信息；而方法则是与类关联的函数，用于执行特定的操作。

类的定义不仅是对对象结构的描述，也是对对象行为的规范。通过定义类，我们可以明确对象应该具有哪些属性和方法，从而实现对对象的抽象和封装。这种抽象和封装使得代码更加模块化、易于维护和扩展。

（二）类的构造方法

在类的定义中，一个特殊的方法——构造方法（__init__）扮演着至关重要的角色。当创建类的新实例时，Python 会自动调用构造方法，这个方法通常用于初始化新创建对象的属性。通过构造方法，我们可以为新对象设置初始状态，确保每个对象在创建时都具备正确的属性和值。

构造方法的定义以 def __init__(self, ...) 开始，其中 self 是一个对实例本身的引用，它允许我们在方法内部访问和修改对象的属性。通过向构造方法传递参数，我们可以为新对象指定不同的初始状态，从而实现对象的多样化和个性化。

（三）类的实例化

类的实例化是创建类对象的过程。在 Python 中，我们可以使用类名加括号的形式来实例化一个对象。实例化时，Python 会调用类的构造方法，为新对象分配内存空间并设置初始属性。通过实例化，我们可以得到具有特定属性和方法的对象实例，这些实例可以在程序中独立存在和操作。

实例化不仅是创建对象的过程，也是将类的抽象定义转化为具体对象的过程。通过实例化，我们可以将类的属性和方法与实际应用场景相结合，实现程序的功能需求。同时，由于对象之间具有相互独立性和封装性，我们可以轻松地对单个对象进行操作和修改，而不会影响其他对象的状态和行为。

在面向对象编程中，类的定义与实例化是相互依存的。没有类的定义，我们就无法创建具有特定属性和方法的对象；而没有实例化，类的定义也只是停留在抽象层面，无法发挥实际作用。因此，在 Python 程序设计与应用教学中，我们应充分重视类的定义与实例化的教学，帮助学生深入理解这两个概念的本质和用途，掌握面向对象编程的基本思想和技巧。

类的定义与实例化是面向对象编程的重要组成部分。通过定义类并实例化对象，我们可以实现对现实世界事物的抽象和模拟，编写出更加灵活、可维护和可扩展的代码。在教学过程中，教师应注重引导学生理解类的定义与实例化的概念和方法，培养他们的面向对象编程思维和实践能力。

三、继承与多态

在 Python 程序设计与应用教学中，继承与多态是面向对象编程的两个核心概念。它们不仅丰富了类的设计方式，还提高了代码的重用性和灵活性。

（一）继承的概念与实现

继承是面向对象编程中实现代码复用的重要机制。它允许我们定义一个基类（或称为父类），并在此基础上创建派生类（或称为子类）。子类会继承父类的属性和方法，从而无须重新定义已经存在的功能。这种继承关系有助于减少代码的冗余，提高代码的可维护性。

在 Python 中，继承的实现非常简单。我们只需要在定义类时使用括号指定基类。子类会自动继承父类的所有属性和方法。当然，子类也可以定义自己特有的属性和方法，从而扩展父类的功能。

（二）继承的层次与多重继承

继承关系可以形成层次结构，即一个类可以继承另一个类，而后者又可以继承更上一层的类。这种层次结构有助于我们组织和管理复杂的类体系。同时，Python 还支持多重继承，即一个类可以继承多个父类。这使得子类能够同时获得多个父类的属性和方法，进一步增强了代码的灵活性和扩展性。

然而，多重继承也可能导致一些复杂的问题，如方法名冲突和调用顺序不确定等。因此，在使用多重继承时，我们需要谨慎考虑其可能带来的风险，并采取相应的措施来避免或解决这些问题。

（三）多态的概念与应用

多态是面向对象编程的又一重要特性，它允许我们使用父类类型的引用指向子类对象，并调用其实际类型的方法。这种机制增强了代码的灵活性和可扩展性，使得我们可以在不修改现有代码的情况下添加新的功能。

在 Python 中，多态的实现主要依赖于动态类型系统和鸭子类型（duck typing）的概念。由于 Python 是一种动态类型语言，变量的类型可以在运行时改变，这使得多态的实现变得相对简单。此外，鸭子类型强调"如果它走起路来像只鸭子，那么它就是只鸭子"的思想，即我们更关注对象的行为而非其具体的类型。这种思想进一步促进了多态在 Python 中的应用。

多态在实际编程中有很多应用场景，如接口设计、插件机制等。通过多态，我们可以实现更加灵活和可扩展的系统架构，提高代码的复用性和可维护性。

继承与多态是 Python 面向对象编程中的重要概念。它们不仅有助于我们减少代码冗余、提高代码复用性，还能增强代码的灵活性和可扩展性。在 Python 程序设计与应用教学中，我们应充分重视这两个概念的教学，帮助学生深入理解其原理和应用方法。

四、封装与访问控制

在 Python 程序设计与应用教学中，封装与访问控制是面向对象编程的两大核心概念。封装强调将对象的数据和方法隐藏起来，只对外提供必要的接口；而访问控制则是对封装数据的访问权限进行管理，确保数据的安全性和完整性。

（一）封装的概念与实现

封装是面向对象编程的基本原则之一，它强调将对象的属性和方法隐藏起来，只通过公共接口与外界进行交互。封装的好处在于隐藏了对象的内部状态和实现细节，降低了程序的复杂性和耦合度，提高了代码的安全性和可维护性。

在 Python 中，封装通常通过私有属性和方法来实现。虽然 Python 没有像 Java 或 C++ 那样的显式访问修饰符（如 public、private 等），但我们可以使用下划线前缀来约定私有属性和方法。这样的命名约定表明这些属性和方法不应该直接从类外部访问，而应该通过类的公共接口来操作。

（二）访问控制的原理与实现

访问控制是对封装数据的访问权限进行管理的一种机制。通过访问控制，我们可以限制对对象内部状态的直接访问，只允许通过特定的方法进行间接访问和修改。这有助于防止数据被意外修改或破坏，保护数据的完整性和安全性。

在 Python 中，虽然语言本身没有提供显式的访问控制机制，但我们可以通过编程约定和代码规范来实现类似的效果。例如，我们可以将敏感数据或关键方法定义为私有属性或方法，并在公共接口中提供安全的访问和修改方式。此外，我们还可以使用属性装饰器（property）来创建只读或只写的属性，进一步控制对数据的访问权限。

（三）封装与访问控制在 Python 中的应用

封装与访问控制在 Python 中具有广泛的应用。通过封装，我们可以将复杂的逻辑和数据隐藏在对象内部，只提供简单的接口供外部调用。这使得代码更加模块化、易于理解和维护。同时，通过访问控制，我们可以确保数据的安全性和完整性，防止非法访问和修改。

在实际开发中，封装与访问控制的应用体现在各个方面。例如，在设计数据库访问类时，我们可以将数据库连接、查询和更新等操作封装在类的内部，只提供必要的接口供外部调用。这样可以确保数据库连接的安全性和稳定性，同时简化了外部代码的使用。另外，在设计图形用户界面（GUI）时，我们也可以利用封装和访问控制来隐藏复杂的界面逻辑和状态管理，只提供简单的接口供开发者使用。

封装与访问控制是 Python 面向对象编程中的重要概念。通过封装，我们可以隐藏对象的内部状态和实现细节；通过访问控制，我们可以管理对封装数据的访问权限。这两个概念的应用有助于提高代码的安全性、可维护性和可扩展性，是 Python 程序设计与应用教学中不可或缺的内容。

五、特殊方法与运算符重载

在 Python 程序设计与应用教学中，特殊方法与运算符重载是面向对象编程中的高级特性，它们允许我们为自定义类型定义特定的行为，使得这些类型能够像内置类型一样使用运算符和内置函数。

（一）特殊方法的定义与作用

特殊方法，也称为魔法方法或双下划线方法，是 Python 中一类具有特殊命名约定的方法。它们通常以两个下划线开头和结尾，如 __init__ 、__str__ 、__add__ 等。这些方法被 Python 解释器在特定情境下自动调用，以实现特定的功能。

特殊方法的作用在于为自定义类型提供与内置类型相似的行为。例如，通过定义 __add__ 方法，我们可以让自定义的类支持加法运算；通过定义 __str__ 方法，我们可以自定义对象的字符串表示形式。这样，我们可以利用特殊方法来丰富自定义类型的功能，提高代码的可读性和易用性。

（二）运算符重载的概念与实现

运算符重载是特殊方法的一种应用，它允许我们为自定义类型重新定义运算符的行为。通过重载运算符，我们可以让自定义类型的对象像内置类型一样使用运算符进行计算和比较。

在 Python 中，运算符重载是通过实现特殊方法来实现的。例如，要实现加法运算符的重载，我们需要定义 __add__ 方法；要实现比较运算符的重载，我们需要定义 __eq__ 、__lt__ 等方法。这些方法在对象之间使用相应的运算符时会被自动调用，从而执行我们定义的自定义逻辑。

（三）特殊方法与内置函数的结合

除了运算符重载外，特殊方法还可以与内置函数结合使用，为自定义类型提供更为丰富的功能。例如，通过定义 __len__ 方法，我们可以让自定义类型的对象支持 len( ) 函数来获取长度；通过定义 __iter__ 和 __next__ 方法，我们可以让自定义类型的对象支持迭代操作。

这种结合使得我们可以将自定义类型无缝地集成到 Python 的内置函数和语法中，

提高了代码的灵活性和可扩展性。同时，这也要求我们在设计自定义类型时，应充分考虑其与内置函数和语法的兼容性，以确保代码的易用性和可读性。

（四）特殊方法与运算符重载的应用场景与注意事项

特殊方法与运算符重载在 Python 程序设计与应用教学中具有广泛的应用场景。它们可以用于创建自定义的数据结构、实现自定义的算法、扩展内置类型的功能等。然而，在使用这些高级特性时，我们也需要注意一些事项。

首先，我们应该避免滥用特殊方法和运算符重载。虽然它们可以为我们提供很大的灵活性，但过度使用可能会导致代码变得难以理解和维护。因此，在使用这些特性时，我们应该权衡其带来的好处和可能带来的复杂性。

其次，我们应该注意特殊方法和运算符重载的语义一致性。即我们定义的特殊方法和运算符重载应该符合 Python 的语义和习惯用法，以免给用户带来困惑。

最后，我们还应该注意特殊方法和运算符重载的性能问题。虽然 Python 解释器在调用这些方法时进行了优化，但在某些情况下，过度使用这些特性可能会导致性能下降。因此，在追求代码灵活性的同时，我们也应该关注其性能表现。

特殊方法与运算符重载是 Python 面向对象编程中的高级特性，它们为自定义类型提供了丰富的功能和灵活性。在 Python 程序设计与应用教学中，我们应该深入理解这些概念的实现原理和应用场景，并学会合理地使用它们来创建高效、易用的代码。

第二节　Web 开发与网络编程

一、Web 开发框架介绍

Web 开发框架的学习是 Python 程序设计与应用教学中不可或缺的一部分。Web 开发框架是一种工具集，它简化了 Web 应用程序的开发过程，提供了许多内置的功能和组件，使得开发者能够更快速、更高效地构建出高质量的 Web 应用。

（一）Web 开发框架的基本概念

Web 开发框架是一种软件架构，它为 Web 应用程序的开发提供了一套完整的解决方案。它包含了构建 Web 应用所需的各种组件和工具，如路由管理、模板引擎、数据库操作等。通过使用框架，开发者可以省去大量重复性的工作，专注于实现业务逻辑和界面设计。

（二）Web 开发框架的优势

Web 开发框架带来了诸多优势。首先，它提高了开发效率。框架提供了许多现成的功能和组件，开发者无须从头开始编写，从而大大减少了开发时间。其次，框架增强了代码的可维护性和可扩展性。框架通常具有良好的结构和设计，使得代码更加清晰、易于理解和修改。最后，框架还提供了丰富的社区支持和文档，方便开发者在遇到问题时寻求帮助。

（三）Python 中的 Web 开发框架

在 Python 中，有许多优秀的 Web 开发框架可供选择。其中，Django 和 Flask 是两个最为流行的框架。Django 是一个功能齐全、重量级的框架，它提供了丰富的功能和强大的可扩展性，适合构建大型、复杂的 Web 应用；而 Flask 则是一个轻量级的框架，它注重简洁和灵活，适合小型项目和快速原型开发。这两个框架各有特点，开发者可以根据自己的需求选择合适的框架。

（四）学习 Web 开发框架的建议

对于学习 Web 开发框架的初学者，建议从基础开始，先了解 Web 开发的基本概念和原理，再逐步深入框架的学习。在学习过程中，可以参考官方文档和教程，了解框架的基本用法和最佳实践；同时，也可以参与一些开源项目或实践项目，通过实践来加深其对框架的理解和掌握。此外，关注框架的社区动态和更新情况也是非常重要的，以便初学者能够及时了解最新的技术发展和最佳实践。

Web 开发框架是 Python 程序设计与应用教学中的重要内容之一。通过学习框架的基本概念、优势、Python 中的框架以及学习建议，我们可以更好地掌握 Web 开发的技能和方法，为构建高质量的 Web 应用打下坚实的基础。

二、HTTP 协议基础

HTTP 协议的学习是 Python 程序设计与应用教学中至关重要的一环。HTTP，全称为超文本传输协议，是互联网上进行信息传输的标准协议。它构建了一个可靠的、无连接的请求—响应模型，为 Web 应用的开发提供了坚实的基础。

（一）HTTP 协议的基本概念

HTTP 协议是一种应用层协议，它规定了客户端与服务器之间如何进行通信。在 Web 应用中，客户端通常是浏览器，而服务器则负责存储和提供 Web 资源。HTTP 协议使用请求—响应模型进行通信，客户端向服务器发送请求，服务器则根据请求的内容返回相应的响应。这种模型简单明了，使得 Web 应用能够轻松地实现跨平台、跨设备的交互。

（二）HTTP 请求与响应的结构

HTTP 请求由请求行、请求头部和请求体三部分组成。请求行包含了请求方法（如 GET、POST 等）、请求的 URI 和 HTTP 协议版本等信息；请求头部则包含了关于请求的元信息，如 User-Agent、Accept-Language 等；请求体则是请求的具体内容，通常用于 POST 请求中发送表单数据或上传文件。

HTTP 响应则由状态行、响应头部和响应体三部分组成。状态行包含了 HTTP 协议版本、状态码和状态消息等信息。状态码用于表示请求的处理结果，如 200 表示成功、404 表示未找到资源等。响应头部同样包含了关于响应的元信息，如 Content-Type、Content-Length 等。响应体则是响应的具体内容，即服务器返回给客户端的数据。

（三）HTTP 协议的特点与优势

HTTP 协议具有无连接、无状态、支持 B/S 模式等特点。无连接指的是每个请求都需要建立新的连接，处理完请求后立即断开连接。这种方式虽然增加了开销，但简化了服务器的设计，提高了系统的健壮性。无状态则意味着协议对于事务处理没有记忆能力，每次请求都是独立的。这种特性使得 HTTP 协议更加灵活，但也需要在应用层面实现会话管理等功能。

HTTP 协议的优势在于其简单性和普遍性。由于 HTTP 协议是互联网上进行信息传输的标准协议，因此几乎所有的网络设备和浏览器都支持 HTTP 协议。这使得基于 HTTP 协议的 Web 应用能够轻松地实现跨平台、跨设备的访问和使用。同时，HTTP 协议还具有良好的扩展性，可以通过添加新的请求方法、头部字段等方式来支持更多的功能和场景。

HTTP 协议是 Python 程序设计与应用教学中不可或缺的一部分。通过掌握 HTTP 协议的基本概念、请求与响应的结构以及特点和优势，我们可以更好地理解 Web 应用的工作原理和开发过程，为构建高效、安全的 Web 应用打下坚实的基础。

三、 网络请求与响应处理

在 Python 程序设计与应用教学中，网络请求与响应处理是构建交互式 Web 应用的关键环节。网络请求是客户端向服务器发送数据请求的行为，而响应则是服务器对请求做出的回应。掌握网络请求与响应处理的基础知识，对于开发高效、稳定的 Web 应用至关重要。

（一）网络请求与响应的基本流程

网络请求与响应的基本流程涉及客户端、网络和服务器三个主要环节。首先，客户端根据用户操作或程序逻辑生成网络请求，并将请求发送到网络中。然后，网络负责将请求传输到目标服务器。接着，服务器接收到请求后，会根据请求的内容进行相应的处理，生成响应数据，并将响应发送回客户端。最后，客户端接收到响应后，会对响应数据进行解析和处理，最终呈现给用户或执行后续操作。

（二）网络请求的类型与特点

网络请求有多种类型，每种类型都有其特定的用途和特点。常见的网络请求类型包括 GET 请求和 POST 请求。GET 请求通常用于请求数据，它将请求参数附加在 URL 中，适用于获取数据或执行简单的操作；POST 请求则用于提交数据，它将请求参数包含在请求体中，适用于提交表单、上传文件等复杂操作。此外，还有 PUT、DELETE 等其他类型的请求，用于实现不同的操作。

不同类型的网络请求具有不同的特点。例如，GET 请求是幂等的，即多次执行相同的 GET 请求，结果应该是一致的；而 POST 请求则不是幂等的，每次执行都可能产生不同的结果。又如，GET 请求通常具有缓存性，而 POST 请求则不会被缓存。了解了这些特点有助于我们更好地选择和使用合适的请求类型。

（三）响应处理与异常管理

响应处理是网络请求与响应处理中的重要环节。当客户端接收到服务器的响应后，需要对响应数据进行解析和处理。这通常涉及对响应状态码、响应头部和响应体的解析。根据响应状态码的不同，客户端可以判断请求是否成功执行，以及是否需要进一步处理错误或异常；响应头部的解析可以帮助客户端了解响应的元信息，如内容类型、编码方式等；响应体的解析则是获取实际数据的关键步骤。

在网络请求与响应处理过程中，异常管理是必不可少的。由于网络环境的复杂性和不确定性，网络请求可能会遇到各种异常情况，如连接超时、请求失败等。因此，在编写网络请求代码时，我们需要考虑异常情况的处理机制，如设置超时时间、重试机制等，以确保程序的健壮性和稳定性。

网络请求与响应处理是 Python 程序设计与应用教学中的重要内容。通过掌握网络请求与响应的基本流程、请求类型与特点以及响应处理与异常管理等方面的知识，我们可以更好地理解和应用网络请求与响应处理技术，为开发高效、稳定的 Web 应用提供有力支持。

四、WebSocket 与异步编程

在 Python 程序设计与应用教学中，WebSocket 与异步编程是构建高效、实时通信应用的两大关键技术。WebSocket 提供了一种在单个持久连接上进行全双工通信的机制，而异步编程则使得程序能够在等待 I/O 操作完成期间执行其他任务，从而提高了程序的执行效率。

（一）WebSocket 的基本概念与优势

WebSocket 是一种网络通信协议，它提供了一个在单个 TCP 连接上进行全双工通信的通道。与传统的 HTTP 请求—响应模式相比，WebSocket 具有实时性更强、通信效率更高等优势。通过 WebSocket，客户端和服务器之间可以建立持久的连接，并在连接上进行双向的数据传输，从而实现了真正的实时通信。

（二）WebSocket 的工作原理

WebSocket 的工作原理基于握手协议和帧传输。在建立连接时，客户端首先向服务器发送一个 HTTP 请求，请求中包含了 WebSocket 协议的相关信息。服务器在接收到请求后，会进行协议升级，将连接从 HTTP 协议升级到 WebSocket 协议。一旦连接建立成功，客户端和服务器就可以通过 WebSocket 通道进行数据的传输。数据的传输是以帧为单位的，每一帧都包含了特定的信息，如数据的类型、长度等。

（三）异步编程的基本概念与特点

异步编程是一种编程模型，它允许程序在等待 I/O 操作完成期间执行其他任务。与传统的同步编程相比，异步编程具有更高的执行效率和更好的响应性。在异步编程中，程序将 I/O 操作（如网络请求、文件读写等）视为异步任务，并通过回调函数、协程等方式处理这些任务。当 I/O 操作完成时，程序会收到通知并继续执行后续的操作。

（四）异步编程在 WebSocket 中的应用

WebSocket 与异步编程的结合使得实时通信应用更加高效和灵活。在 WebSocket 通信中，客户端和服务器之间的数据传输是异步的，即发送数据后不需要等待接收方的响应就可以继续执行其他任务。这种异步特性使得 WebSocket 能够处理大量的并发连接和数据传输，但不会导致程序的阻塞或延迟。同时，异步编程也能够帮助开发者更好地管理 WebSocket 连接的生命周期和事件处理逻辑。

（五）WebSocket 与异步编程的挑战及解决方案

尽管 WebSocket 与异步编程带来了诸多优势，但在实际应用中也面临着一些挑战。例如，如何有效地管理 WebSocket 连接、如何处理网络断开或重连等问题都需要开发者进行深入的考虑和设计。此外，异步编程也增加了程序的复杂性和调试难度。为了解决这些问题，开发者可以采用一些策略和技术，如使用连接池管理 WebSocket 连接、实现自动重连机制、采用合适的异步编程框架等。

WebSocket 与异步编程是 Python 程序设计与应用教学中的重要内容。通过掌握它们的基本概念、工作原理、应用以及挑战与解决方案等方面的知识，我们可以更好地理解和应用这两项技术，为构建高效、实时的通信应用提供有力支持。

五、安全性与性能优化

在 Python 程序设计与应用教学中，安全性与性能优化是两个至关重要的议题。安全性是保障应用程序和用户数据安全的关键，而性能优化则是提升应用响应速度、降低资源消耗的重要手段。

（一）安全性保障

安全性是任何应用程序都不可忽视的方面。在 Python 程序设计中，我们需要采取一系列措施来保障应用程序的安全性。首先，确保代码的安全性至关重要。避免使用不安全的函数或方法，对输入数据进行严格的验证和过滤，防止 SQL 注入、跨站脚本攻击（XSS）等安全漏洞。其次，保护用户数据也是至关重要的。采用加密技术对用户数据进行存储和传输，确保数据在传输过程中不被窃取或篡改。最后，还需要注意权限管理，确保只有授权的用户才能访问特定的资源和执行特定的操作。

（二）性能优化策略

性能优化是提升应用程序响应速度和用户体验的关键。在 Python 程序设计中，我们可以通过多种策略来进行性能优化。首先，优化代码逻辑是基本的性能优化手段。通过减少不必要的计算、避免重复操作、使用合适的数据结构等方式，可以提高代码的执行效率。其次，利用缓存技术可以显著减少数据访问的延迟。通过将计算结果或常用数据存储在缓存中，可以避免重复计算或频繁访问数据库等操作。最后，并发编程和多线程技术也是提升应用性能的有效途径。通过合理利用多核处理器和并发执行机制，可以显著提高应用程序的吞吐量和响应速度。

（三）安全性与性能优化的平衡

在实际应用中，安全性与性能优化往往需要在一定程度上进行平衡。一些安全措施可能会增加程序的复杂性和开销，从而影响性能。同样，一些性能优化措施可能会降低安全性或增加潜在的安全风险。因此，在设计和开发过程中，我们需要综合考虑安全性和性能需求，并寻求最佳的平衡点。这可能需要我们在不同的阶段和场景下做出权衡和取舍，以确保应用程序在保障安全性的同时具备良好的性能表现。

安全性与性能优化是 Python 程序设计与应用教学中的重要议题。通过掌握相关的安全知识和性能优化策略，我们可以更好地保障应用程序的安全性，并提升其性能表现。在实际应用中，我们需要根据具体需求和场景进行综合考虑和权衡，以确保应用程序在保障安全性的同时具备良好的用户体验和性能表现。

第三节 数据处理与可视化

一、数据处理库介绍

数据处理是 Python 程序设计与应用教学中不可或缺的一环。数据处理库作为 Python 生态系统中的重要组成部分，为开发者提供了强大的数据处理能力和灵活的操作方式。

（一）数据处理库的基本概念与功能

数据处理库是一系列用于处理、分析和转换数据的 Python 工具集。它们通常提供丰富的数据结构和算法，以使开发者能够高效地处理各种类型的数据，包括数值型、文本型、图像型等。数据处理库的主要功能包括数据清洗、数据转换、数据分析以及可视化展示等，它可以帮助开发者从原始数据中提取有用的信息，为后续的建模和决策提供支持。

（二）常用数据处理库及其特点

在 Python 中，有许多常用的数据处理库，如 Pandas、NumPy、SciPy 等。Pandas 是一个提供高性能、易于使用的数据结构和数据分析工具的库，它支持大量的数据操作，如数据筛选、分组、聚合等，并且可以与多种文件格式进行交互；NumPy 是 Python 中用于数值计算的基础库，它提供了多维数组对象以及一系列用于操作这些数组的函数，是科学计算和数据分析的基石；SciPy 则是一个基于 NumPy 的科学计算库，包含了大量的数学、科学和工程领域的算法和函数。

（三）数据处理库在 Python 生态系统中的地位

数据处理库在 Python 生态系统中占据着举足轻重的地位。Python 作为一门通用编程语言，在数据科学、机器学习、人工智能等领域有着广泛的应用；而数据处理库作为 Python 生态系统中的重要组成部分，为这些领域提供了强大的数据处理和分析能力。通过数据处理库，开发者可以更加高效地处理和分析数据，从而加速项目的开发进程和提高项目的质量。

（四）数据处理库的发展趋势与未来展望

随着大数据和人工智能技术的不断发展，数据处理库也在不断更新和升级。未来的数据处理库将更加注重数据的实时性和高效性，同时提供更多的算法和模型支持，以满足不同领域的需求。此外，随着云计算和分布式计算技术的发展，数据处理库也将更加注重数据的分布式处理和存储，以应对更大规模的数据处理任务。

数据处理库在 Python 程序设计与应用教学中具有重要地位。通过学习和掌握这些库的使用方法和技巧，开发者可以更加高效地进行数据处理和分析工作，为后续的建模和决策提供有力的支持。

二、数据清洗与转换

在 Python 程序设计与应用教学中，数据清洗与转换是数据处理的重要步骤，对于后续的数据分析和建模具有至关重要的作用。下面我们将从四个方面详细阐述数据清洗与转换的重要性和实施方法。

（一）数据清洗的必要性

数据清洗是数据处理的第一步，也是至关重要的一步。原始数据往往存在着各种问题，如缺失值、重复值、异常值、错误数据格式等。这些问题如果不进行即时清洗，将会对后续的数据分析和建模产生极大的干扰，甚至导致结果的不准确。因此，数据清洗是确保数据质量和数据可靠性的关键步骤。

（二）数据清洗的主要方法

数据清洗的方法多种多样，主要包括缺失值处理、重复值处理、异常值处理和数据格式转换等。对于缺失值，我们可以采用填充法、删除法或插值法进行处理；对于重复值，我们可以通过去重操作来消除冗余数据；对于异常值，我们可以根据业务逻辑或统计方法进行识别和处理；对于数据格式转换，我们需要根据实际需求将数据转换为合适的格式。

（三）数据转换的重要性

数据转换是数据清洗的延伸，也是对数据进行预处理的重要步骤。数据转换的目的是将数据转换为适合分析的形式，以便更好地提取数据的特征和规律。通过数据转换，我们可以将数据标准化、归一化、离散化或进行特征工程等操作，从而提高数据的可用性和可解释性。

（四）数据转换的常用技术

数据转换的常用技术包括数据标准化、数据归一化、数据离散化以及特征工程等。数据标准化是通过缩放数据特征到同一尺度，从而消除不同特征之间的量纲差异；数据归一化则是将数据特征缩放到一个指定的范围，如 [0,1] 或 [−1,1]；数据离散化是将连续型数据转换为离散型数据，便于后续的分类或聚类操作；特征工程则是通过构建新的特征或选择重要的特征来提高模型的性能。

数据清洗与转换是 Python 程序设计与应用教学中不可或缺的一部分。通过数据清洗，我们可以消除原始数据中的各种问题，确保数据的准确性和可靠性；通过数据转换，我们可以将数据转换为适合分析的形式，提高数据的可用性和可解释性。因此，在学习 Python 程序设计时，我们应该注重掌握数据清洗与转换的方法和技巧，为后续的数据分析和建模打下坚实的基础。

三、数据分析与统计

数据分析与统计是 Python 程序设计与应用教学中不可或缺的一部分。通过对数据进行深入的分析和统计，我们可以揭示数据背后的规律，提取有价值的信息，为决策提供支持。

（一）数据分析与统计的基本概念与意义

数据分析是指通过统计和分析的方法，对收集到的数据进行处理、解释和推断的过程。它旨在发现数据中的模式、关联和趋势，从而揭示数据背后的规律和信息。数据分析与统计在各个领域都有广泛的应用，如商业、金融、医疗、教育等。通过数据分析，企业可以了解市场趋势，优化产品策略；医生可以根据病人的数据制订更精准的治疗方案；教育者可以根据学生的学习数据调整教学方法。因此，掌握数据分析与统计的技能对于 Python 程序员来说具有重要意义。

（二）Python 在数据分析与统计中的应用

Python 作为一门强大的编程语言，在数据分析与统计领域具有广泛的应用。它提供了丰富的数据处理和分析库，如 Pandas、NumPy、SciPy、Matplotlib 等，使得数据分析变得更加高效和便捷。通过这些库，我们可以轻松地进行数据清洗、转换、可视化以及统计分析等操作。例如，使用 Pandas 库，我们可以方便地处理结构化数据，进行数据筛选、分组、聚合等操作；使用 Matplotlib 库，我们可以绘制各种图表，直观地展示数据的分布和趋势。

（三）数据分析与统计的前沿技术与挑战

随着大数据和人工智能技术的不断发展，数据分析与统计领域也在不断更新和进步。新的技术和方法不断涌现，如机器学习、深度学习、自然语言处理等，为数据分析提供了更多的可能性。与此同时，数据分析也面临着一些挑战。首先，数据的规模和复杂度不断增加，这对数据处理和分析能力提出了更高的要求。其次，数据的隐私和安全问题也日益突出，如何在保护用户隐私的前提下进行数据分析成为一个亟待解决的问题。最后，数据分析的结果往往需要具有可解释性，以便决策者能够理解并信任分析结果，这也是一个需要克服的挑战。

数据分析与统计在 Python 程序设计与应用教学中占据重要地位。通过掌握数据分析与统计的基本概念和方法，并利用 Python 提供的强大工具进行实际操作，我们可以更好地理解和应用数据，为实际问题的解决提供有力支持。同时，我们也需要关注数据分析与统计的前沿技术和挑战，不断提升自己的技能和水平。

四、数据可视化库

在 Python 程序设计与应用教学中，数据可视化库扮演着至关重要的角色。数据可视化是将数据以图形、图像或动画的形式呈现，帮助人们更直观地理解数据特征和规律。Python 中拥有丰富的数据可视化库，这些库提供了丰富的功能和灵活的定制选项，使数据可视化变得更加简单和高效。下面我们将从四个方面详细阐述数据可视化库的重要性及其在 Python 中的应用。

（一）数据可视化库的作用与意义

数据可视化库的主要作用是将复杂的数据以直观、易懂的方式呈现出来。通过可视化，我们可以迅速地发现数据中的模式、趋势和异常值，从而更好地理解数据的内在规律和结构。此外，数据可视化还有助于提高数据沟通的效率，从而使数据分析和结果展示更加直观和具有说服力。因此，掌握数据可视化库的使用对于 Python 程序员来说具有重要意义。

（二）Python 中常用的数据可视化库

Python 中常用的数据可视化库包括 Matplotlib、Seaborn、Plotly 和 Bokeh 等。这些库各具特色，并提供了丰富的绘图类型和定制选项。Matplotlib 是 Python 中最早的数据可视化库之一，具有强大的绘图功能和灵活的定制能力；Seaborn 则基于 Matplotlib 之上，提供了更高级的统计绘图功能，适用于数据分析和探索性数据分析；Plotly 和 Bokeh 则更注重交互式绘图和 Web 集成，使得数据可视化更加生动和具有交互性。

（三）数据可视化库的功能与特点

数据可视化库通常具备以下功能和特点：首先，它们支持多种绘图类型，包括折线图、散点图、柱状图、饼图等，以满足不同数据可视化需求；其次，这些库通常提供了丰富的定制选项，如颜色、字体、标签等，使得图表更加美观和易于理解；最后，一些高级的数据可视化库还支持交互式绘图和动画效果，使得数据展示更加生动和有趣。

（四）数据可视化库的发展趋势与挑战

随着数据科学和人工智能技术的不断发展，数据可视化库也在不断更新和进步。未来，数据可视化库将更加注重交互性、实时性和个性化，以满足用户不断变化的需求。同时，随着大数据和云计算技术的普及，数据可视化库也需要更好地支持大规模数据的处理和分析。然而，数据可视化也面临着一些挑战，比如，如何有效地呈现高维数据、如何保证可视化结果的准确性和可靠性等。因此，我们在使用数据可视化库时，需要不断学习和探索新的技术和方法，以应对这些挑战。

数据可视化库在 Python 程序设计与应用教学中具有重要地位。通过掌握数据可视化库的使用方法和技巧，我们可以更好地理解和分析数据，提高数据沟通的效率，为数据分析和决策提供支持。同时，我们也需要关注数据可视化库的发展趋势和挑战，不断学习和进步。

五、交互式可视化与仪表板

交互式可视化与仪表板是 Python 程序设计与应用教学中不可或缺的一部分。它们为数据分析师和开发者提供了一种直观、交互的方式来展示和探索数据，从而使数据分析和决策过程更加高效和精准。

（一）交互式可视化的优势与意义

交互式可视化允许用户通过动态的调整图表参数、筛选数据和查看详细信息来深入探索数据。相比静态图表，交互式可视化提供了更高的灵活性和更强的互动性，使得用户能够根据自己的需求定制视图，并实时获得反馈。这种交互性不仅增强了用户对数据的理解，还促进了数据的交流和分享。通过交互式可视化，我们可以更加深入地了解数据的分布、关联和趋势，发现潜在的模式和规律，从而为决策提供更加准确和可靠的依据。

（二）Python 中的交互式可视化工具

Python 提供了多种交互式可视化工具，如 Plotly、Bokeh、Dash 等。这些工具具有丰富的绘图类型、交互功能和定制选项，这些功能使得创建交互式可视化变得简单而高效。例如，Plotly 支持创建各种类型的图表，包括散点图、折线图、热力图等，并提供了丰富的交互功能，如缩放、平移、数据点提示等；Bokeh 注重性能和交互性，支持大规模的数据集可视化，并提供了灵活的布局和样式定制选项；Dash 则是一个用于构建交互式 Web 应用程序的框架，它结合了 Flask、React 和 Plotly 等库，使得创建具有复杂交互功能的仪表板变得轻而易举。

（三）仪表板在数据分析中的作用与实现

仪表板是一种集成多个可视化元素的数据展示工具，它能够将多个图表、指标和控件组合在一起，形成一个统一的数据展示界面。通过仪表板，我们可以将复杂的数据分析过程简化为一系列易于理解的图表和指标，使得决策者能够迅速把握数据的关键信息。在 Python 中，我们可以使用 Dash 等库来构建仪表板。Dash 允许我们使用 Python 代码来定义仪表板的布局和交互逻辑，并将数据动态地绑定到各个可视化元素上。通过 Dash，我们可以创建出具有高度交互性和个性化的仪表板，从而满足不同用户的需求。

交互式可视化与仪表板在 Python 程序设计与应用教学中扮演着重要的角色。它们不仅提高了数据分析的效率和准确性，还促进了数据的交流和分享。通过掌握交互式可视化与仪表板的使用方法和技巧，我们可以更好地利用 Python 进行数据分析和决策支持工作。

第四节　数据库操作与 ORM

一、关系型数据库基础

关系型数据库的学习是 Python 程序设计与应用教学中不可或缺的一个环节。关系型数据库以其结构化、易于管理和维护的特点，成为数据处理和存储的常用工具。下面我们将从三个方面深入探讨关系型数据库的基础知识。

（一）关系型数据库的概念与特点

关系型数据库，顾名思义，是基于关系模型的数据库。关系模型以二维表格的形式组织数据，通过表格之间的关联关系来表达数据之间的复杂联系。关系型数据库具有数据结构化、数据冗余度低、数据独立性高等特点。它支持复杂的数据查询和操作，提供数据完整性、安全性和并发控制等机制，确保了数据的准确性和一致性。

（二）关系型数据库的基本组成

关系型数据库主要由数据表、字段、主键、外键等要素组成。数据表是存储数据的基本单位，由行和列组成。行代表记录，列代表字段，每个字段都有相应的数据类型和约束条件。主键是数据表中的唯一标识符，用于区分不同的记录。外键则用于建立表与表之间的关联关系，以实现数据的关联查询和更新。

（三）关系型数据库在 Python 中的应用

Python 作为一种流行的编程语言，与关系型数据库的交互十分方便。通过 Python 的数据库接口，如 SQLite、MySQL、PostgreSQL 等，我们可以轻松地连接数据库、执行 SQL 语句、处理查询结果等。Python 还提供了 ORM（对象关系映射）框架，如 SQLAlchemy 等，使得我们可以以面向对象的方式操作数据库，进一步简化数据库编程的复杂度。

在 Python 程序设计与应用教学中，学习关系型数据库的基础知识对于培养学生的数据处理能力和实际应用能力具有重要意义。通过掌握关系型数据库的概念、特点和基本组成，学生能够更好地理解数据库的工作原理和应用场景。同时，通过 Python 与关系型数据库的交互学习，学生还可以掌握数据库编程的基本技能，为后续的数据分析和应用开发打下坚实的基础。

关系型数据库基础是 Python 程序设计与应用教学中的重要内容。通过深入学习关系型数据库的概念、特点和基本组成，并结合 Python 进行实践应用，我们可以更好地理解和应用数据库技术，为数据处理和应用开发提供有力的支持。

二、Python 数据库接口

在 Python 程序设计与应用教学中，Python 数据库接口的学习是连接 Python 编程与数据库操作的关键桥梁。通过数据库接口，Python 程序能够实现对数据库的访问、查询、插入、更新和删除等操作。

（一）Python 数据库接口的作用与意义

Python 数据库接口为 Python 程序提供了与数据库交互的能力。通过接口，Python 程序可以发送 SQL 语句到数据库服务器执行，并接收服务器返回的结果。这使得 Python 成为一个强大的数据处理工具，能够轻松处理大量数据，满足各种复杂的数据分析需求。同时，数据库接口还提供了数据的安全性和完整性保障，确保了数据的准确性和一致性。

（二）常见的 Python 数据库接口

在 Python 中，有许多常见的数据库接口可供选择，如 SQLite、MySQLdb、PyMySQL、psycopg2 等。这些接口分别对应不同的数据库系统，如 SQLite 是一个轻量级的嵌入式数据库，MySQLdb 和 PyMySQL 则用于连接 MySQL 数据库，而 psycopg2 则是用于连接 PostgreSQL 数据库的接口。这些接口都提供了丰富的功能和灵活的配置选项，使得 Python 程序能够与各种数据库系统进行交互。

（三）Python 数据库接口的使用流程

使用 Python 数据库接口通常包括以下几个步骤：首先，需要安装并导入相应的数据库接口库；然后，建立与数据库的连接，包括指定数据库的地址、端口、用户名和密码等信息；接着，通过连接对象执行 SQL 语句，实现对数据库的查询、插入、更新和删除等操作；最后，关闭数据库连接，释放资源。

（四）Python 数据库接口的高级特性

除了基本的数据库操作外，Python 数据库接口还提供了一些高级特性，以满足更复杂的数据处理需求。例如，一些接口支持事务处理，确保多个操作要么全部成功，要么全部失败，保持数据的一致性；还有一些接口提供了连接池功能，用于管理多个数据库连接，提高了程序的性能和并发处理能力。此外，一些接口还支持预处理语句和参数化查询，提高了 SQL 语句的安全性和效率。

Python 数据库接口在 Python 程序设计与应用教学中扮演着重要的角色。通过学习和掌握 Python 数据库接口的知识，学生能够更好地理解数据库与 Python 程序之间的交互过程，掌握数据库操作的基本技能，为后续的数据处理和应用开发打下坚实的基础。同时，了解和使用数据库接口的高级特性，还可以进一步提升数据处理能力和效率。

三、ORM 框架介绍

在 Python 程序设计与应用教学中，ORM（对象关系映射）框架是一个不可或缺的主题。ORM 框架提供了一种将关系型数据库中的数据映射为 Python 对象的方式，从而简化了数据库操作，提高了开发效率。

（一）ORM 框架的概念与原理

ORM 框架是一种编程技术，它实现了将关系型数据库中的表、字段、行等数据元素映射为面向对象编程语言中的类、对象、属性等概念。通过这种方式，开发者可以使用面向对象的方式操作数据库，无须直接编写 SQL 语句，从而降低了数据库操作的复杂度。ORM 框架的原理在于通过元数据来描述数据库表结构，并在运行时将这些元数据映射为 Python 对象，实现了数据库与 Python 对象之间的自动转换。

（二）ORM 框架的优势与特点

ORM 框架在 Python 程序设计与应用教学中具有显著的优势和特点。首先，它简化了数据库操作，使得开发者可以更加专注于业务逻辑的实现，提高了开发效率。其次，ORM 框架提供了丰富的功能，如数据验证、关联查询、事务处理等，使得数据库操作更加灵活和强大。最后，ORM 框架还支持多种数据库系统，具有良好的可移植性和扩展性。

（三）常见的 Python ORM 框架

在 Python 中，有许多优秀的 ORM 框架可供选择，如 SQLAlchemy、Django ORM、Peewee 等。这些框架各有特点，适用于不同的场景和需求。例如，SQLAlchemy 是一个功能强大的 ORM 框架，它提供了丰富的查询语法和高级功能，适用于复杂的数据库应用；Django ORM 是 Django Web 框架自带的 ORM 组件，它与 Django 框架紧密集成，提供了简洁易用的 API；Peewee 则是一个轻量级的 ORM 框架，适用于小型应用和原型开发。

（四）ORM 框架的使用与注意事项

在使用 ORM 框架时，需要注意以下几点：首先，要理解 ORM 框架的映射规则和工作原理，确保能正确使用框架提供的 API 和功能。其次，要注意性能问题，ORM 框架在映射过程中可能产生一定的性能开销，这需要根据实际情况进行优化。最后，还需要注意数据一致性和安全性问题，避免因为不正确的操作导致数据丢失或泄露。

ORM 框架在 Python 程序设计与应用教学中具有重要的地位。通过学习和掌握 ORM 框架的知识和技巧，学生可以更加高效地进行数据库操作和应用开发，从而提高了编程能力和实践水平。同时，也需要注意 ORM 框架的使用方法和注意事项，确保在实际应用中能够正确、安全地使用框架。

四、数据模型定义与操作

在 Python 程序设计与应用教学中，数据模型的定义与操作是构建稳健、可扩展应用程序的关键环节。数据模型是对现实世界中数据结构的抽象表示，它定义了数据的类型、属性和关系，为数据的存储、查询和操作提供了基础。

（一）数据模型的概念与重要性

数据模型是对数据的一种抽象表示，它描述了数据的结构、属性和关系，为数据的处理和管理提供了基础。在 Python 程序设计中，数据模型的重要性不言而喻。它不仅是数据库设计的核心，而且是应用程序中数据处理和交互的基础。通过定义清晰的数据模型，我们可以更好地理解和管理数据，确保数据的准确性和一致性。同时，数据模型也为代码的重用和扩展提供了便利，使得应用程序更加易于维护和升级。

（二）Python 中数据模型的定义方法

在 Python 中，我们可以使用类来定义数据模型。类是一种用户自定义的数据类型，它包含了属性和方法。通过定义类，我们可以创建具有特定属性和行为的对象，这些对象就是我们的数据模型。在定义数据模型时，我们需要考虑数据的类型、属性和关系。例如，我们可以定义一个用户类，包含用户的姓名、年龄、邮箱等属性，以及注册、登录等方法。这样，我们就可以通过创建用户对象来操作用户数据。

（三）数据模型的操作与应用

定义了数据模型之后，我们就可以对其进行各种操作，如创建对象、访问属性、调用方法等。这些操作使我们能够灵活地处理数据，实现各种业务逻辑。在 Python 中，我们可以使用面向对象编程的技巧来操作数据模型。例如，我们可以使用类的构造函数来创建对象，使用属性访问操作符来访问对象的属性，使用方法调用操作符来调用对象的方法。此外，我们还可以利用 Python 的继承、封装和多态等特性来扩展和优化数据模型的操作。

除了基本的 CRUD（创建、读取、更新、删除）操作外，数据模型还可以支持更复杂的操作，如关联查询、聚合计算等。这些操作可以通过定义合适的方法和关系来实现，使得数据模型更加灵活和强大。同时，我们还需要注意数据的安全性和完整性，确保数据模型的操作符合业务规则和约束条件。

数据模型的定义与操作在 Python 程序设计与应用教学中具有重要地位。通过学习和掌握数据模型的概念、定义方法和操作技巧，我们能够更好地理解和管理数据，构建出稳健、可扩展的应用程序。同时，我们也需要不断关注新技术和新方法的发展，以适应不断变化的业务需求和技术环境。

五、事务处理与性能优化

在 Python 程序设计与应用教学中，事务处理与性能优化是确保数据库操作正确性和高效性的重要环节。它们不仅关系着数据的完整性和安全性，还直接影响到应用程序的响应速度和用户体验。

（一）事务处理的概念与重要性

事务处理是数据库操作中确保数据一致性和完整性的关键机制。它指的是将一系列操作作为一个整体来执行，要么全部成功，要么全部失败。这种"要么全有，要么全无"的特性保证了数据库在并发操作下的数据一致性。在 Python 中，我们可以通过数据库接口或 ORM 框架提供的事务管理功能来实现事务处理。事务处理的重要性在于它能够防止数据不一致和丢失，确保数据的准确性和可靠性。

（二）性能优化的意义与方法

性能优化是提升数据库操作效率和应用程序响应速度的关键手段。在 Python 程序设计中，性能优化主要涉及数据库查询优化、连接池管理、缓存策略等方面。通过优化数据库查询语句，减少不必要的数据检索和计算，可以提高查询速度；使用连接池管理数据库连接，可以避免频繁创建和关闭连接的开销，提高并发处理能力；采用缓存策略，将常用数据或计算结果缓存起来，可以减少对数据库的访问次数，进一步提升性能。

（三）事务处理与性能优化的关系

事务处理和性能优化在数据库操作中并不是孤立的，它们之间存在着紧密的联系。一方面，合理的事务处理策略可以减少数据冲突和竞争，从而提高并发性能；另一方面，性能优化措施也可以为事务处理提供更好的运行环境，确保事务的高效执行。因此，在设计和实施数据库操作时，我们需要综合考虑事务处理和性能优化的需求，寻找最佳平衡点。

（四）实践中的注意事项与策略

在实践中，进行事务处理和性能优化时需要注意以下几点。首先，要充分了解所使用的数据库系统和接口的特性，以便选择合适的优化策略。其次，要根据实际应用场景和数据特点进行针对性的优化，避免盲目追求性能而忽视了数据的一致性和安全性。再次，还需要关注数据库的维护和管理，定期检查和清理无效数据，保持数据库的健康状态。最后，要持续监控和评估数据库性能，及时发现并解决问题，确保应用程序的稳定运行。

事务处理与性能优化在 Python 程序设计与应用教学中占据着重要地位。通过学习和掌握这些知识和技巧，我们可以更好地设计和实施数据库操作，确保数据的正确性和高效性，提升应用程序的质量和用户体验。

第六章　Python 教学导论

第一节　Python 教育的意义与价值

一、培养逻辑思维与问题解决能力

（一）理解逻辑思维的基础

逻辑思维是编程的核心，它要求程序员能够清晰地分析问题、设计解决方案，并预测程序的运行结果。在 Python 教学中，我们首先要引导学生理解逻辑思维的基本概念，如条件判断、循环控制、变量与数据类型等。通过讲解这些基础知识，学生可以逐渐建立起自己的逻辑思维框架，为后续的问题解决奠定基础。

（二）实践中的逻辑思维锻炼

理论知识的学习固然重要，但实践中的锻炼同样不可或缺。在 Python 教学中，我们可以设计一些具有挑战性的问题，让学生运用所学的逻辑思维知识去解决。例如，可以布置一些算法问题或数据处理任务，让学生在解决问题的过程中不断锻炼自己的逻辑思维能力。这种实践性的教学方式能够帮助学生将理论知识与实际操作相结合，加深其对逻辑思维的理解与运用。

（三）问题解决能力的培养

问题解决能力是编程人员必备的素质之一。在 Python 教学中，我们可以通过引导学生分析问题、提出假设、设计方案、验证结果等步骤来培养他们的问题解决能力。同时，我们还可以鼓励学生参与团队项目或编程竞赛等活动，让他们在实践中锻炼自己的问题解决能力。通过这些活动，学生可以学会如何与他人合作、如何有效地沟通、如何调整和优化解决方案等技能，这些都是他们未来职业生涯中不可或缺的能力。

（四）持续学习与自我提升

逻辑思维与问题解决能力的培养是一个长期的过程，需要学生在不断的学习与实践中逐步提升。因此，在 Python 教学中，我们还要引导学生养成持续学习与自我提升的习惯。我们可以鼓励学生阅读相关的书籍、参加在线课程或参与开源项目等，让他们不断拓宽自己的知识面和技能范围。同时，我们还要引导学生学会总结与反思，让他们在每次学习与实践后都能有所收获与进步。

Python 程序设计与应用教学不仅仅是教授编程技能的过程，更是培养学生逻辑思维与问题解决能力的过程。通过引导学生理解逻辑思维的基础、实践中的逻辑思维锻炼、问题解决能力的培养以及持续学习与自我提升等方面的努力，我们可以帮助学生在 Python 学习中取得更好的成果，并为他们未来的职业生涯奠定坚实的基础。

二、提升跨学科融合能力

在 Python 程序设计与应用教学中，提升学生的跨学科融合能力显得尤为重要。跨学科融合能力不仅有助于学生在编程领域取得突破，更能为他们打开更广阔的职业发展空间。

（一）认识跨学科融合的重要性

我们需要让学生认识到跨学科融合在编程领域的重要性。编程不仅仅是技术层面的操作，更是一种解决问题的工具，可以与众多学科领域进行融合。例如，数据分析、人工智能、机器学习等领域都需要编程技能的支持。因此，掌握 Python 编程，并具备跨学科融合的能力，将有助于学生在这些领域取得更好的成就。

（二）加强基础知识的学习

跨学科融合的前提是具备扎实的基础知识。在 Python 教学中，我们需要加强监督学生对编程语言、数据结构、算法等基础知识的学习。这些基础知识是编程的基石，也是进行跨学科融合的基础。只有掌握了这些基础知识，学生才能更好地将 Python 应用于其他学科领域。

（三）引入相关学科的知识

为了提升学生的跨学科融合能力，我们可以在 Python 教学中引入相关学科的知识。例如，在教授数据处理时，可以引入统计学的基础知识；在教授机器学习时，可以引入数学和概率论的相关知识。通过将这些学科知识与 Python 编程相结合，学生可以更好地理解编程在实际应用中的作用，并提升跨学科融合的能力。

（四）开展跨学科项目实践

实践是提升学生跨学科融合能力的有效途径。我们可以组织跨学科的项目实践，让学生将 Python 编程应用于其他学科领域。例如，可以开展与生物学、物理学、经济学等相关的项目，让学生在实践中探索 Python 在这些领域的应用。通过项目实践，学生可以更好地将理论知识与实际应用相结合，提升跨学科融合的能力。

（五）培养创新思维与跨界合作能力

跨学科融合能力的培养还需要注重培养学生的创新思维和跨界合作能力。在 Python 教学中，我们可以鼓励学生尝试新的编程思路和方法，培养他们的创新思维。同时，我们还可以组织学生进行跨界合作，让他们与不同学科背景的同学共同完成项目，培养他们的跨界合作能力。通过这些努力，学生可以更好地适应未来多变的工作环境，并具备更强的竞争力。

提升跨学科融合能力是 Python 程序设计与应用教学中的重要任务。通过认识跨学科融合的重要性、加强基础知识的学习、引入相关学科的知识、开展跨学科项目实践以及培养创新思维与跨界合作能力等方面的努力，我们可以帮助学生更好地掌握 Python 编程技能，并使其具备更强的跨学科融合能力。这将为他们未来的职业发展和个人成长奠定坚实的基础。

三、增强就业竞争力

在 Python 程序设计与应用教学中，增强学生的就业竞争力是教学的重要目标之一。随着数字化时代的快速发展，掌握 Python 编程技能的学生在就业市场上具有显著的优势。

（一）掌握市场需求与技能匹配

了解市场需求并针对性地培养学生的技能至关重要。Python 作为一门通用性极强的编程语言，在数据分析、人工智能、Web 开发等多个领域都有广泛的应用。因此，在 Python 教学中，我们需要紧跟市场动态，了解当前和未来就业市场对 Python 技能的需求。基于这些需求，我们可以调整教学内容，确保学生掌握与市场需求相匹配的技能。

在技能匹配方面，除了基础的 Python 语法和编程思想，我们还应注重培养学生的数据处理能力、算法设计能力、项目实战经验等。这些技能在实际工作中具有重要价值，能够帮助学生更好地适应岗位需求，提升就业竞争力。

（二）提升职业素养与综合能力

除了专业技能外，职业素养和综合能力同样是提升就业竞争力的关键。在 Python 教学中，我们需要注重培养学生的团队协作能力、沟通能力、解决问题的能力以及持续学习的能力。这些能力不仅有助于学生在团队中更好地发挥作用，还能帮助他们应对职场的各种挑战。

为了提升学生的职业素养和综合能力，我们可以组织丰富的团队项目实践、角色扮演、模拟面试等活动。这些活动可以让学生在实际操作中锻炼自己的各项能力，并学会如何在职场中展现自己的优势。

（三）建立实践平台与拓展资源

实践经验和项目作品是展示学生能力的重要载体，也是提升就业竞争力的重要途径。在 Python 教学中，我们需要积极为学生搭建实践平台，拓展实践资源，让他们有更多的机会参与到实际项目中。

实践平台可以包括校内外的项目合作、实习机会、竞赛活动等。通过这些平台，学生可以接触到真实的工作环境，了解行业前沿技术，积累实践经验。同时，这些平台还能为学生提供展示自己能力的机会，让他们在项目中发挥自己的特长，获得成就感。

此外，我们还应积极与企业和行业建立联系，拓展教学资源。通过与企业合作，我们可以引入更多的实际项目案例，让学生在学习过程中更好地了解行业需求和职业发展方向。同时，我们还可以邀请企业人士来校进行讲座或指导，为学生提供更多的职业指导和建议。

通过掌握市场需求与技能匹配、提升职业素养与综合能力以及建立实践平台与拓展资源等方面的努力，我们可以在 Python 程序设计与应用教学中有效提升学生的就业竞争力。这将为学生未来的职业发展奠定坚实的基础，使他们能够更好地适应数字化时代的需求。

四、培养创新精神和创造力

在 Python 程序设计与应用教学中，培养学生的创新精神和创造力是至关重要的。创新精神和创造力是推动科技进步和社会发展的核心动力，也是未来职场中不可或缺的重要素质。

（一）激发好奇心与探索欲

创新往往源于对未知的好奇和对知识的渴望。在 Python 教学中，我们应该注重激发学生的好奇心和探索欲，引导他们主动思考、提出问题并寻找答案。我们可以设计一些具有挑战性和趣味性的教学任务，让学生在解决问题的过程中感受到编程的乐趣和魅力，从而激发他们的学习热情和探索精神。

（二）培养批判性思维

批判性思维是创新的基础。在 Python 教学中，我们应该鼓励学生敢于质疑、勇于挑战，培养他们的批判性思维。我们可以引导学生对编程问题进行多角度、多层次的思考，让他们学会分析问题、判断信息真伪、提出合理假设并验证结果。通过培养批判性思维，学生可以更好地发现问题、解决问题，并具备更强的创新能力。

（三）鼓励跨学科思维

跨学科思维是创新的重要途径。在 Python 教学中，我们应该鼓励学生打破学科壁垒，将编程技能与其他学科知识相结合，形成独特的创新思维。我们可以引导学生关注不同领域的前沿动态，了解不同学科的知识体系和思维方式，让他们学会从多个角度思考问题并寻找解决方案。通过跨学科思维的培养，学生可以更好地拓展自己的视野和思路，为创新提供更多的可能性。

（四）提供实践机会与创新平台

实践是创新的源泉。在 Python 教学中，我们应该为学生提供充足的实践机会和创新平台，让他们有机会将理论知识应用于实际项目中，发挥自己的创新精神和创造力。我们可以组织编程竞赛、创新项目等活动，让学生在实际操作中锻炼自己的创新能力；同时，我们还可以与企业合作，为学生提供实习机会和项目合作，让他们在实践中深入了解行业需求和职业发展方向。

通过激发好奇心与探索欲、培养批判性思维、鼓励跨学科思维以及提供实践机会与创新平台等方面的努力，我们可以在 Python 程序设计与应用教学中有效地培养学生的创新精神和创造力。这将为学生未来的职业发展和个人成长提供强大的动力和支持，使他们能够在不断变化的世界中保持竞争优势并实现自我价值。

五、适应信息化社会发展需求

在信息化社会快速发展的今天，Python 程序设计与应用教学必须紧密结合社会发展需求，培养能够适应信息化时代要求的高素质人才。

（一）紧跟信息化技术发展趋势

信息化社会的技术更新换代迅速，Python 教学必须紧跟这一趋势，不断更新教学内容和方法。我们需要关注最新的编程语言特性、算法优化、数据处理技术等，将这些内容及时融入教学中，让学生学到最新的知识和技能。同时，我们还要关注新兴领域的发展，如人工智能、大数据、云计算等，引导学生探索这些领域与 Python 编程的结合点，为未来的职业发展做好准备。

（二）培养信息化素养与技能

信息化社会要求人们具备较高的信息化素养和技能，包括信息获取、处理、分析和利用的能力。在 Python 教学中，我们需要注重培养学生的这些能力。通过设计实际问题和应用场景，让学生运用 Python 进行数据处理、分析、可视化等操作，提升他们的信息化实践能力。同时，我们还要引导学生学会利用网络资源进行学习和交流，提高他们的信息获取和利用能力。

（三）强化网络安全与信息安全意识

信息化社会的发展使得网络安全和信息安全问题日益突出。在 Python 教学中，我们需要强化学生的网络安全和信息安全意识，让他们了解网络攻击的常见手段、防范措施以及信息安全的重要性。通过教授如何安全地使用 Python 进行编程和数据处理，让学生在实际操作中养成良好的安全习惯。此外，我们还可以组织网络安全知识竞赛等活动，以提高学生对网络安全问题的关注和认识。

（四）构建信息化教学环境与实践平台

为了更好地适应信息化社会的发展需求，我们还需要构建信息化教学环境和实践平台。这包括建设现代化的教室和实验室，配备高性能的计算机和网络设备，为 Python 教学提供有力的硬件支持。同时，我们还要搭建在线学习平台和教学资源库，为学生提供丰富的学习资源和便捷的学习方式。此外，我们还可以与企业合作建立实践基地或联合实验室，为学生提供更多的实践机会和就业渠道。

通过紧跟信息化技术发展趋势、培养信息化素养与技能、强化网络安全与信息安全意识，以及构建信息化教学环境与实践平台等方面的努力，我们可以使 Python 程序设计与应用教学更好地适应信息化社会的发展需求。这将有助于培养出更多具备高素质和创新能力的 Python 编程人才，为信息化社会的发展贡献力量。

第二节　Python 教学环境与工具选择

一、集成开发环境（IDE）的选择

在 Python 程序设计与应用教学中，集成开发环境（IDE）的选择是至关重要的。一个合适的 IDE 可以极大地提高编程效率和学习体验。

（一）用户友好性

一个好的 Python IDE 应该具备用户友好的界面设计。这意味着它应该提供直观的界面布局、易于操作的工具栏和菜单，以及清晰的错误提示和反馈机制。对初学者来说，这样的设计可以降低学习难度，使他们能够更快地掌握 IDE 的使用方法。

（二）功能完备性

IDE 的功能完备性也是选择时需要考虑的重要因素。一个好的 Python IDE 应该具备代码编辑、调试、运行和测试等基本功能，同时还应该支持自动补全、语法高亮、版本控制等高级功能。这些功能可以大大提高编程效率，减少错误发生的可能性。

（三）兼容性

在选择 Python IDE 时，还需要考虑其兼容性。一个好的 IDE 应该能够支持多种操作系统和平台，以便用户在不同的设备上都能够使用。此外，IDE 还应该支持多种 Python 版本，以便用户能够根据不同的项目需求选择合适的 Python 版本。

（四）扩展性

扩展性也是选择 Python IDE 时需要考虑的一个重要因素。一个好的 IDE 应该提供丰富的插件和扩展接口，以便用户能够根据自己的需求定制 IDE 的功能。例如，用户可以安装代码格式化插件、Git 集成插件等，以增强 IDE 的功能和便利性。

（五）社区支持

社区支持也是选择 Python IDE 时需要考虑的一个重要方面。一个好的 IDE 应该有活跃的社区支持，这意味着用户可以在社区中寻求帮助、分享经验和学习资源。同时，社区支持也可以促进 IDE 的不断更新和完善，以满足用户的需求。

选择合适的 Python IDE 需要考虑用户友好性、功能完备性、兼容性、扩展性以及社区支持等方面。在实际教学中，教师可以根据学生的实际情况和需求，推荐适合的 IDE，并指导学生如何使用这些 IDE 进行 Python 编程学习和实践。通过选择合适的 IDE，学生可以更加高效地进行 Python 编程学习，提高其编程能力和技能水平。

二、解释器与版本管理

解释器和版本管理是 Python 程序设计与应用教学中两个不可或缺的组成部分。解释器负责将 Python 代码翻译成机器语言并执行，而版本管理则帮助我们管理和维护不同版本的 Python 代码库。

（一）解释器的作用与选择

解释器是 Python 编程的核心工具，它能够将 Python 代码逐行翻译成机器语言并执行。不同的解释器可能具有不同的性能、特性和兼容性。因此，在选择解释器时，我们需要考虑其速度、稳定性、安全性以及生态系统的支持情况。例如，CPython 是 Python 的官方解释器，它拥有广泛的社区支持和丰富的第三方库；而 Jython 和 IronPython 则是分别运行在 Java 和 .NET 平台上的 Python 解释器，它们提供了与这些平台的集成能力。

在 Python 教学中，教师应该向学生介绍不同解释器的特点和适用场景，帮助他们根据实际需求选择合适的解释器。同时，教师还应该指导学生如何安装和配置解释器，以便他们能够顺利进行 Python 编程实践。

（二）版本管理的意义与方法

随着 Python 项目的不断发展，我们可能会使用到多个不同版本的 Python 解释器和第三方库。这就需要我们进行有效的版本管理，以确保项目的稳定性和可维护性。版本管理可以帮助我们跟踪代码的变更历史、管理不同的代码分支以及协作开发。

在 Python 教学中，教师应该向学生介绍版本管理的重要性和常用方法。其中，Git 是一个广泛使用的版本控制系统，它可以帮助我们管理 Python 项目的代码库。教师可以通过演示 Git 的基本操作和使用场景，帮助学生掌握 Git 的使用方法。此外，教师还可以介绍其他版本管理工具如 SVN、Mercurial 等，以便学生根据个人喜好和需求选择合适的工具。

（三）解释器与版本管理的结合应用

在实际开发中，解释器与版本管理往往是紧密结合的。例如，我们可以使用虚拟环境来为每个项目创建独立的 Python 解释器和第三方库环境，避免不同项目之间的依赖冲突。同时，我们还可以利用版本控制系统来管理这些虚拟环境的配置和代码库。

在 Python 教学中，教师应该向学生展示如何将解释器与版本管理结合应用。这包括如何创建和管理虚拟环境、如何在虚拟环境中安装和管理 Python 解释器及第三方库，以及如何利用版本控制系统来管理虚拟环境的配置和代码库等。通过这些实践操作，学生可以更好地理解解释器与版本管理在 Python 开发中的重要性和应用方法。

三、在线学习平台与资源

在 Python 程序设计与应用教学中，充分利用在线学习平台和资源能够极大地提升教学质量和学习效率。这些平台和资源为学生提供了灵活的学习方式和丰富的学习内容，有助于他们系统地掌握 Python 编程知识。

（一）多样化的学习途径

在线学习平台为学生提供了多样化的学习途径，包括视频教程、在线课程、交互式练习等。这些学习资源形式丰富、内容详尽，可以满足不同学生的学习需求和兴趣点。通过在线平台，学生可以随时随地学习 Python 编程知识，不受时间和地点的限制，从而更加高效地利用碎片时间进行学习。

（二）专业的教学团队

许多在线学习平台聚集了一批专业的 Python 教学团队，他们具有丰富的教学经验和深厚的编程功底。这些教学团队能够为学生提供高质量的教学内容和个性化的学习指导，帮助他们更好地理解和掌握 Python 编程知识。通过与专业教学团队的互动学习，学生可以更快地提升自己的编程技能。

（三）实时的学习反馈

在线学习平台通常具备实时的学习反馈功能，能够帮助学生及时了解自己的学习进度和水平。通过在线练习和测试，学生可以获得即时的反馈和建议，从而调整自己的学习方法和策略。这种实时的学习反馈机制有助于学生更好地掌握自己的学习节奏和方向，提高学习效果。

（四）丰富的社区交流

在线学习平台往往拥有活跃的社区交流功能，为学生提供了一个相互学习、交流心得的平台。在社区中，学生可以遇到来自不同背景和领域的学习伙伴，通过分享经验、讨论问题等方式共同进步。这种社区交流的氛围有助于激发学生的学习兴趣和积极性，促进他们更加深入地学习和掌握 Python 编程知识。

此外，在线学习平台和资源还具备更新迅速、内容丰富等特点，能够紧跟 Python 编程技术的发展趋势，为学生提供最新、最全面的学习资源。同时，这些平台和资源通常具有较低的学习成本，使得更多的学生能够享受到高质量的 Python 编程教育。

在线学习平台和资源在 Python 程序设计与应用教学中发挥着重要作用。它们为学生提供了多样化的学习途径、专业的教学团队、实时的学习反馈以及丰富的社区交流机会，有助于他们更加高效、系统地掌握 Python 编程知识。因此，在 Python 教学中，教师应该充分利用这些在线学习平台和资源，为学生提供优质的教学服务和学习体验。

四、教学辅助工具

在 Python 程序设计与应用教学中，教学辅助工具扮演着至关重要的角色。它们不仅有助于提升教学质量，还能增强学生的学习体验。

（一）可视化工具增强理解

可视化工具是 Python 教学中不可或缺的一类辅助工具。这类工具能够将复杂的数据结构和算法过程以图形化的方式展现出来，帮助学生更直观地理解 Python 编程的核心概念。例如，流程图工具可以帮助学生梳理程序的执行流程，树状图工具则可以用于展示数据结构的层次关系。通过可视化工具，学生可以更加深入地理解 Python 编程的内在逻辑，提高编程能力。

（二）在线编译器方便实践

在线编译器是 Python 教学中的另一类重要辅助工具。这类工具允许学生在没有安装 Python 环境的情况下，直接在线编写和运行 Python 代码。在线编译器通常具备代码高亮、自动补全等功能，能够为学生提供更加便捷的代码编写体验。同时，学生还可以利用在线编译器进行代码调试和测试，及时发现和解决问题。通过在线编译器，学生可以随时随地进行 Python 编程实践，加深其对知识点的理解和掌握。

（三）项目管理工具提升效率

在 Python 项目开发中，项目管理工具能够帮助学生更好地组织和管理代码资源，提高开发效率。这类工具通常具备版本控制、任务分配、进度跟踪等功能，能够帮助学生更好地协作开发 Python 项目。通过使用项目管理工具，学生可以更加清晰地了解项目的整体架构和各个模块之间的关系，减少代码冲突和重复劳动。同时，项目管理工具还能帮助学生更好地规划和管理项目时间，确保项目按时完成。

（四）测试工具保障质量

测试工具在 Python 教学中同样具有重要意义。这类工具能够帮助学生编写和执行测试用例，对 Python 代码进行全面的测试和验证。通过测试工具，学生可以及时发现代码中的错误和缺陷，并进行修复和优化。测试工具的使用不仅能够提高代码的质量和稳定性，还能培养学生的测试思维和严谨性。同时，测试工具还能帮助学生了解 Python 编程中的常见错误和陷阱，提高编程技能和解决问题的能力。

教学辅助工具在 Python 程序设计与应用教学中发挥着重要作用。它们能够帮助学生更好地理解 Python 编程的核心理念，提高其编程实践能力和项目开发效率。因此，在 Python 教学中，教师应该充分利用这些教学辅助工具，为学生提供更加优质的教学服务和学习体验。

五、硬件与软件配置要求

在 Python 程序设计与应用教学中，确保学生拥有适当的硬件和软件配置是至关重要的。这些配置不仅影响着学生的学习体验，还直接关系着教学质量和效果。

（一）硬件要求

从硬件角度来看，学生需要具备一台性能良好的计算机，以确保 Python 程序的顺畅运行。计算机的基本配置应包括足够的内存、处理器速度和存储空间。具体来说，计算机至少应拥有 8GB 的内存，以便处理大型 Python 项目和多任务操作；处理器速度应足够快，以支持复杂的计算任务；同时，足够的存储空间可以确保学生保存大量的学习资料和项目文件。

此外，需要进行图形界面设计或数据分析的学生可能需要额外的硬件支持，如高性能的显卡和大容量的硬盘。这些硬件配置将有助于学生更好地完成 Python 程序设计与应用的相关任务。

（二）操作系统要求

在操作系统方面，Python 具有跨平台的特性，可以在多种操作系统上运行，包括 Windows、macOS 和 Linux 等。因此，学生在选择操作系统时可以根据个人喜好和习惯进行选择。然而，需要注意的是，不同操作系统下的 Python 环境配置和软件兼容性可能有所不同，学生在选择时应确保所选操作的系统能够满足 Python 教学和学习的需求。

（三）软件要求

在软件配置方面，学生需要安装 Python 解释器、集成开发环境（IDE）以及其他必要的工具和库。Python 解释器是运行 Python 程序的基础，学生应安装官方推荐的 CPython 解释器或其他兼容的解释器。IDE 则是学生进行 Python 编程的主要工具，可以选择如 PyCharm、VS Code 等流行的 IDE。此外，学生还应根据需要安装与数据分析、图形界面设计、机器学习等相关的工具和库，以便更好地支持 Python 程序设计与应用的学习和实践。

（四）网络环境要求

网络环境也是 Python 教学中不可忽视的一部分。学生需要确保拥有稳定的网络连接，以便下载和安装软件、获取学习资料、参与在线学习和交流等。同时，学校也应提供足够的网络带宽和稳定的网络环境，以支持大规模的在线教学活动和资源共享。

适当的硬件和软件配置是 Python 程序设计与应用教学的基础保障。学校和学生应共同努力，确保满足这些配置要求，以提供优质的教学环境和学习体验。

第三节　教学对象分析与定位

一、学生基础与兴趣调查

在 Python 程序设计与应用教学中，深入了解学生的基础知识和兴趣点至关重要。这不仅有助于教师因材施教，还能激发学生的学习兴趣，提升教学效果。

（一）因材施教，个性化教学

学生基础与兴趣调查的首要目的在于了解每个学生的编程基础、学习能力以及兴趣所在。通过这一调查，教师可以根据学生的个体差异，制订个性化的教学计划。对于基础薄弱的学生，教师可以设计更加基础、易懂的课程内容，帮助他们逐步建立编程思维；对于基础较好的学生，则可以提供更具挑战性的任务，从而激发他们的创新精神和探索欲望。

（二）精准定位，优化教学内容

通过对学生兴趣进行调查，教师可以更加精准地把握学生的兴趣点和需求，从而优化教学内容。例如，如果大多数学生对数据分析感兴趣，教师可以适当增加数据分析相关的 Python 库和工具的介绍；如果学生对图形界面设计感兴趣，则可以加强 GUI 编程的教学。这样，教学内容更加贴近学生的实际需求，更能激发学生的学习兴趣和积极性。

（三）激发兴趣，提升学习效果

了解学生的基础与兴趣，有助于教师在教学过程中更好地激发学生的学习兴趣。当教师能够根据学生的兴趣点设计教学内容和教学活动时，学生更容易产生学习的动力和热情。同时，教师还可以通过引入一些有趣的项目和案例，让学生在实践中体验 Python 编程的乐趣，进一步提升学习效果。

学生基础与兴趣调查在 Python 程序设计与应用教学中具有举足轻重的地位。通过深入了解每个学生的基础和兴趣，教师可以制订个性化的教学计划，优化教学内容，激发学生的学习兴趣和积极性，从而提升教学效果。因此，在 Python 教学开始前，进行一次全面的学生基础与兴趣调查是非常有必要的。

当然，学生基础与兴趣调查并非一劳永逸的工作。在教学过程中，教师还应定期关注学生的学习进展和反馈，及时调整教学策略，确保教学质量和效果。同时，教师也应不断更新自己的教学理念和方法，以适应不断变化的教学环境和学生需求。通过不断地努力和探索，我们相信 Python 程序设计与应用教学一定能够取得更加优异的成绩。

二、教学目标与需求确定

在 Python 程序设计与应用教学中，明确教学目标与需求是确保教学质量和效果的关键环节。这不仅有助于教师制订有针对性的教学计划，还能帮助学生明确学习方向，提高学习效果。

（一）明确教学方向，提高教学效率

确定教学目标与需求的首要意义在于为教学提供明确的方向。通过明确教学目标，教师可以清晰地了解课程的核心内容、重点和难点，从而有针对性地设计教学计划和教学方法。同时，明确的教学目标也能帮助学生更好地理解课程要求，明确学习目标和方向，提高学习效率。

（二）因材施教，满足学生个性化需求

在确定教学目标与需求的过程中，教师需要充分考虑学生的个体差异和个性化需求。通过了解学生的基础知识、学习能力和兴趣点，教师可以制订更加符合学生实际的教学方案，实现因材施教。这样不仅能满足学生的个性化需求，还能激发学生的学习兴趣和积极性，提高教学效果。

（三）实现理论与实践相结合，提升学生应用能力

Python 程序设计与应用教学注重理论与实践相结合。在确定教学目标与需求时，教师应充分考虑实践环节的设计和安排，确保学生能够在实际操作中掌握 Python 编程技能。通过实践环节的训练，学生可以更好地理解和应用所学知识，提升实际应用能力。

（四）培养创新精神和问题解决能力

除了掌握基本的 Python 编程技能外，培养学生的创新精神和问题解决能力也是教学目标与需求确定的重要内容。在教学过程中，教师应注重培养学生的创新思维和解决问题的能力，引导学生通过 Python 编程解决实际问题。这样不仅能提升学生的综合素质，还能为他们未来的职业发展打下坚实的基础。

教学目标与需求确定在 Python 程序设计与应用教学中具有举足轻重的地位。通过明确教学目标、满足学生个性化需求、实现理论与实践相结合以及培养创新精神和问题解决能力等方面的努力，我们可以确保 Python 教学的质量和效果得到有效提升。因此，在制订教学计划前，教师应认真分析和确定教学目标与需求，为后续的教学工作奠定坚实的基础。

三、教学内容与难度调整

教学内容与难度的调整是 Python 程序设计与应用教学中至关重要的环节。它不仅关系着学生能否有效掌握所学知识，还影响着学生的学习兴趣和积极性。

（一）适应学生基础，提升学习效果

学生的基础水平参差不齐，是 Python 教学中常见的现象。因此，调整教学内容与难度以适应不同学生的基础水平，是提高教学效果的关键。对于基础薄弱的学生，教师应简化教学内容，注重基础知识的讲解和练习，帮助他们逐步建立编程思维；对于基础较好的学生，则可以增加一些高级话题和扩展内容，以满足他们的学习需求。通过适应学生基础的调整，可以确保每个学生都能在适合自己的难度下学习，从而提高学习效果。

（二）循序渐进，构建知识体系

Python 程序设计与应用是一门系统性很强的学科，需要学生逐步建立完整的知识体系。因此，在教学内容与难度的调整上，应遵循循序渐进的原则。教师应根据知识点的逻辑关系和难易程度，合理安排教学顺序和内容，确保学生在掌握基础知识的基础上，逐步深入学习高级话题。同时，教师还应注重知识点之间的联系和衔接，帮助学生构建完整的知识框架。通过循序渐进的调整，学生可以更好地理解和掌握知识，形成系统的编程思维。

（三）激发学生兴趣，培养自主学习能力

教学内容与难度的调整还应考虑到学生的学习兴趣和自主学习能力。教师应根据学生的兴趣和需求，选择有趣且实用的教学内容，以激发学生的学习兴趣和积极性。同时，教师还应适当提高教学难度，提高学生的思维能力，培养他们的自主学习能力和探索精神。通过调整教学内容与难度，教师可以创造一个富有挑战性和趣味性的学习环境，让学生在轻松愉快的氛围中学习 Python 编程。

教学内容与难度调整在 Python 程序设计与应用教学中具有举足轻重的地位。通过适应学生基础、循序渐进地构建知识体系以及激发学生兴趣和培养自主学习能力等方面的调整，教师可以确保 Python 教学的质量和效果得到有效提升。因此，在教学过程中，教师应根据学生的实际情况和反馈，灵活调整教学内容与难度，以满足学生的学习需求和发展潜力。

四、学习风格与教学策略匹配

在 Python 程序设计与应用教学中，学生的学习风格多种多样，而教学策略也应灵

活多变以适应不同风格。学习风格与教学策略的匹配对于提高教学效果和激发学生的学习兴趣至关重要。

（一）理解学生多样性，提升教学效果

每个学生都有其独特的学习风格，包括视觉型、听觉型、动手实践型等。理解并尊重这些多样性，教师可以针对性地调整教学策略，以满足不同学生的学习需求。例如，对于视觉型学生，教师可以利用图表、流程图等视觉辅助工具来解释 Python 编程概念；对于动手实践型学生，教师可以设计更多的实践环节，让他们通过操作来深化理解。这样，每个学生都能以自己擅长的方式学习，从而提高教学效果。

（二）个性化教学，激发学生兴趣

匹配学习风格的教学策略有助于实现个性化教学，激发学生的学习兴趣。当教学策略与学生的学习风格相符时，学生会感到更加舒适和自信，从而更加投入地学习。例如，对于喜欢独立思考的学生，教师可以采用问题导向的教学策略，引导他们通过解决问题来学习 Python；对于喜欢团队合作的学生，教师可以组织小组讨论和合作项目，让他们在协作中共同进步。

（三）提高学习效率，促进知识内化

学习风格与教学策略的匹配还有助于提高学生的学习效率，促进知识的内化。当教学策略符合学生的学习风格时，学生能够更快地理解和掌握新知识，减少学习障碍。同时，与学生学习风格相匹配的教学策略也有助于加深学生对知识的理解和记忆，使他们在学习中形成深刻的印象。

（四）培养自主学习能力，促进长远发展

通过制定匹配学生学习风格的教学策略，教师还可以培养学生的自主学习能力，为他们的长远发展奠定基础。当学生能够根据自己的学习风格选择适合自己的学习策略时，他们就能更好地应对未来的学习和挑战。这种自主学习能力的培养不仅有助于学生在 Python 编程领域取得更好的成绩，还能为他们的终身学习和发展打下坚实的基础。

学习风格与教学策略的匹配在 Python 程序设计与应用教学中具有举足轻重的地位。教师应深入了解学生的学习风格，灵活调整教学策略，以满足不同学生的学习需求和发展潜力。通过个性化教学和匹配的教学策略，教师可以提高教学效果、激发学生的学习兴趣、提高学生的学习效率并培养他们的自主学习能力。

五、学习评价与反馈机制

在 Python 程序设计与应用教学中，学习评价与反馈机制是确保教学质量、提升学生学习效果的关键环节。一个完善的学习评价与反馈机制能够帮助教师及时了解学生的学习状况，发现教学中存在的问题，从而调整教学策略，优化教学内容。

（一）诊断学习效果，指导教学改进

学习评价是衡量学生学习成果的重要手段，通过对学生的学习成果进行定期评价，教师可以了解学生对 Python 知识的掌握情况，以及他们在学习过程中的问题和困难。这种诊断性的评价不仅可以帮助教师发现教学中的短板，还可以为教学改进提供有针对性的建议。例如，如果评价结果显示学生在某个知识点上普遍掌握较差，教师就可以针对这一知识点加强讲解和练习，以提高学生的学习效果。

（二）提供及时反馈，激发学习动力

及时的反馈是激发学生学习动力的重要因素。在学习过程中，学生渴望得到教师的认可和指导，而及时的反馈能够满足这一需求。通过对学生作业、课堂表现等方面进行及时的反馈，教师可以让学生了解自己的学习进度和存在的问题，从而及时调整学习策略、改进学习方法。同时，正面的反馈还能够激发学生的学习热情，增强他们的自信心，使他们更加积极地投入 Python 学习中。

（三）促进自主学习，培养学习习惯

学习评价与反馈机制还有助于促进学生的自主学习和良好学习习惯的培养。通过定期的学习评价，学生可以了解自己的学习状况、明确自己的学习目标，从而更加自主地规划自己的学习时间和进度。同时，反馈机制还能够帮助学生发现自己的学习不足和需要改进的地方，促使他们主动寻求解决方案，提高自主学习能力。这种自主学习的过程不仅能够提升学生的 Python 编程技能，还能够培养他们独立思考和解决问题的能力，为未来的学习和工作打下坚实的基础。

学习评价与反馈机制在 Python 程序设计与应用教学中具有举足轻重的地位。通过诊断学习效果、提供及时反馈和促进自主学习等方面的努力，教师可以确保教学质量得到有效提升，学生的学习效果也能够得到显著提高。因此，在 Python 教学过程中，教师应重视学习评价与反馈机制的建立与完善，使其成为提高教学质量、促进学生发展的重要保障。

第七章　Python 教学研究与实践

第一节　Python 教学方法与策略

一、互动式教学方法

在 Python 程序设计与应用教学中，互动式教学方法的应用对于提升教学质量和激发学生的学习兴趣至关重要。这种教学方法通过构建积极互动的学习环境，使教师与学生、学生与学生之间形成有效的交流和合作，从而促进学生更好地掌握 Python 编程技能。

（一）激发学生的学习兴趣与主动性

互动式教学方法注重学生的参与和体验，通过设计各种互动环节，如小组讨论、角色扮演、问答互动等，激发学生的学习兴趣和主动性。这种教学方式使学生从被动地接受知识转变为主动地探索和学习，提高了他们的学习积极性和学习效果。

（二）促进师生之间的有效沟通与交流

互动式教学方法强调师生之间的平等对话和合作，使教师能够及时了解学生的学习情况和需求，从而调整教学策略和方法。同时，学生也可以通过互动环节向教师提出问题和建议，促进师生之间的有效沟通与交流。这种沟通与交流有助于建立和谐的师生关系，提高教学效果。

（三）培养学生的合作与团队协作能力

互动式教学方法鼓励学生之间的合作与交流，通过小组合作、团队项目等形式，培养学生的合作与团队协作能力。在 Python 编程项目中，学生需要共同讨论、分工合作、解决问题，这有助于培养学生的团队精神、沟通能力和解决问题的能力。

（四）提升学生的实践操作能力与创新思维

互动式教学方法注重学生的实践操作和创新思维的培养。通过设计各种实践环节和创新任务，如编程挑战、项目实战等，使学生能够在实践中掌握 Python 编程技能，同时激发他们的创新思维和创造力。这种教学方式有助于培养学生的实践能力和创新精神，为他们未来的职业发展打下坚实的基础。

（五）优化教学资源配置与提升教学效果

互动式教学方法能够有效地利用和优化教学资源，如网络平台、多媒体资源等，从而提升教学效果。通过线上线下的互动学习，学生可以随时随地获取学习资源，进行自主学习和互动交流。同时，教师也可以利用这些资源制作丰富多样的教学材料，以提高教学质量和效率。

互动式教学方法在 Python 程序设计与应用教学中具有显著的优势和重要性。通过激发学生的学习兴趣与主动性、促进师生之间的有效沟通与交流、培养学生的合作与团队协作能力、提升学生的实践操作能力与创新思维、优化教学资源配置与提升教学效果等方面的努力，我们可以为 Python 教学注入新的活力和动力，培养出更多具备实践能力和创新精神的优秀人才。

二、项目导向教学策略

在 Python 程序设计与应用教学中，项目导向教学策略是一种非常有效的教学方法。这种教学策略强调以实际项目为核心，让学生在解决问题的过程中学习 Python 编程知识和技能。

（一）提升学生实践操作能力

项目导向教学策略的核心是让学生在实践中学习。通过参与实际项目，学生需要将理论知识应用于实际问题中，从而锻炼他们的实践操作能力。这种教学方式使学生不再只是停留在书本知识的学习上，而是能够在实际操作中深化对 Python 编程技能的理解和掌握。通过项目的实施，学生可以亲身体验 Python 编程的整个过程，从需求分析、设计、编码到测试，从而全面提升他们的实践能力。

（二）培养学生的问题解决能力

项目导向教学策略注重培养学生的问题解决能力。在项目实施过程中，学生会遇到各种问题和挑战，需要运用所学的 Python 编程知识和技能去解决。这种教学方式使学生能够在解决问题的过程中锻炼自己的思维能力和创新能力。通过不断地尝试和探索，学生可以逐渐掌握解决问题的方法和技巧，提高他们的问题解决能力。

（三）促进跨学科知识融合

项目导向教学策略有助于促进跨学科知识的融合。在 Python 程序设计与应用教学中，很多项目都涉及其他学科的知识，如数据分析、人工智能、图像处理等。通过参与这些跨学科的项目，学生可以学习如何将这些学科的知识与 Python 编程技能相结合，实现综合性的应用。这种教学方式有助于拓宽学生的知识视野，培养他们的综合素质和创新能力。

此外，项目导向教学策略还能够激发学生的学习兴趣和积极性。相比传统的课堂教学方式，项目导向教学策略更加贴近实际，能够让学生在实际操作中感受到 Python 编程的乐趣和实用性。通过项目的成功实施，学生可以体验到成就感，从而更加热爱学习 Python 编程。

项目导向教学策略在 Python 程序设计与应用教学中具有重要意义。通过提升学生的实践操作能力、培养学生的问题解决能力以及促进跨学科知识融合等方面的努力，我们可以培养出更多具备实践能力和创新精神的 Python 编程人才。因此，在 Python 教学中，我们应该注重项目导向教学策略的应用，为学生提供更加全面、深入和实用的学习体验。

三、渐进式教学策略

渐进式教学策略是一种逐步深入、层层递进的教学方法，特别适用于 Python 程序设计与应用教学。它强调根据学生的认知规律和学习特点，合理安排教学内容和难度，使学生能够逐步掌握 Python 编程技能，建立扎实的编程基础。

（一）适应学生学习特点，促进知识内化

渐进式教学策略根据学生的学习特点和认知规律，将 Python 编程知识划分为不同的层次和阶段。通过逐步引入和深化知识点，使学生能够逐步理解和掌握 Python 编程的基本概念、语法和算法。这种教学方式有助于避免学生因知识跨度过大或难度过高而产生挫败感，促进知识的内化和理解。

（二）逐步提升难度，激发学生挑战精神

渐进式教学策略在安排教学内容时，注重逐步提升难度和挑战性。随着学生掌握基础知识的增加，逐步引入更高级的编程技术和应用场景，使学生在不断挑战中提升自己的编程能力。这种教学方式有助于激发学生的挑战精神和求知欲，使他们在学习过程中保持持续的动力和兴趣。

（三）构建完整的知识体系，提升综合素质

渐进式教学策略注重构建完整的 Python 编程知识体系。通过层层递进的教学方式，使学生逐步掌握 Python 编程的各个方面，包括基础语法、数据结构、算法设计、面向对象编程等。这种教学方式有助于帮助学生建立起完整的 Python 编程知识体系，提升他们的综合素质和编程能力。

（四）培养自主学习习惯，促进终身学习

渐进式教学策略不仅关注知识的传授，更注重培养学生的自主学习能力和习惯。通过引导学生逐步深入学习和探索 Python 编程，使他们能够逐渐掌握自主学习的方法和技巧。这种教学方式有助于培养学生的终身学习能力，使他们在未来的学习和工作中能够不断学习和进步。

渐进式教学策略在 Python 程序设计与应用教学中具有重要意义。通过适应学生学习特点、逐步提升难度、构建完整知识体系以及培养自主学习习惯等方面的努力，我们可以为学生提供一个逐步深入、层层递进的学习路径，帮助他们更好地掌握 Python 编程技能，建立扎实的编程基础。因此，在 Python 教学中，我们应该注重渐进式教学策略的应用，为学生提供更加高效和有针对性的学习体验。

四、实例教学方法

实例教学方法是一种注重实际应用与实践的教学方式，它对于 Python 程序设计与应用教学来说至关重要。通过实例教学，学生能够更直观地理解 Python 编程的概念和技巧，从而更快地掌握并应用所学知识。

（一）加深学生对知识的理解与应用

实例教学方法通过引入实际问题的解决方案，使学生在具体实践中深化对 Python 编程知识的理解。相比单纯的理论讲解，实例教学更能激发学生的学习兴趣和积极性。学生在面对实际问题时，会主动思考并尝试运用所学知识去解决问题，从而加深对知识的理解和记忆。这种通过实践应用来学习的方式，能够帮助学生形成更牢固的知识体系，从而提高学习效果。

（二）提高学生的问题解决能力

实例教学方法注重培养学生的问题解决能力。在实例教学中，教师会引导学生分析问题的本质，提出解决方案，并指导学生进行实践操作。学生在这一过程中，不仅学会了如何运用 Python 编程技能去解决问题，还学会了如何分析问题、制订计划、实

施操作等解决问题的基本方法。这种能力的培养对于学生未来的学习和工作都具有重要意义。

（三）促进知识的融会贯通

实例教学方法能够将不同知识点融合在一个或多个实际问题中，使学生在解决问题的过程中将所学知识融会贯通。在 Python 教学中，许多知识点是相互关联的，通过实例教学，学生能够在实践中将这些知识点联系起来，形成完整的知识体系。这种教学方式有助于学生更好地掌握 Python 编程的精髓，提高编程技能和应用能力。

（四）增强学生的实践经验与自信心

实例教学方法能够为学生提供丰富的实践经验。通过实际操作，学生能够亲身体验 Python 编程的整个过程，从需求分析、设计、编码到测试，进而积累宝贵的实践经验。这种实践经验对于提高学生的编程技能和应用能力具有重要意义。同时，成功的实践经验还能够增强学生的自信心，使他们更加自信地面对未来的学习和工作挑战。

实例教学方法在 Python 程序设计与应用教学中具有重要意义。通过加深学生对知识的理解与应用、提高学生的问题解决能力、促进知识的融会贯通以及增强学生的实践经验与自信心等方面的努力，我们可以为学生提供一个更加高效、实用的学习环境，帮助他们更好地掌握 Python 编程技能并将其应用于实际问题中。

五、个性化教学策略

个性化教学策略是 Python 程序设计与应用教学中的一种重要方法，它强调针对学生的个体差异和需求进行有针对性的教学。通过个性化教学策略，教师可以更好地满足学生的学习需求，激发他们的学习兴趣，进而提升教学效果。

（一）满足不同学生的学习需求

每个学生的学习能力和兴趣都有所不同，传统的统一教学模式往往难以满足所有学生的需求。个性化教学策略则能够根据学生的学习特点、兴趣爱好和学习目标，制订个性化的教学计划，提供差异化的教学内容和方法。例如，对于基础较差的学生，教师可以设计更为基础、易于理解的教学内容，帮助他们逐步建立编程基础；对于能力较强的学生，教师可以引入更高级的技术和项目，挑战他们的编程能力。通过这种方式，个性化教学策略能够满足不同学生的学习需求，促进他们的全面发展。

（二）激发学生的学习兴趣和积极性

个性化教学策略注重尊重学生的个性差异，鼓励学生发挥自己的特长和兴趣。根据学生的兴趣点设计教学内容和项目，教师可以激发学生的学习兴趣和积极性，使他们更加主动地参与到学习中。例如，对于喜欢游戏的学生，教师可以设计基于游戏开发的 Python 项目，让他们在实践中学习编程技能；对于喜欢数据分析的学生，教师可以引入数据处理和分析的相关内容，满足他们的学习需求。这种因材施教的教学方式能够让学生在学习中找到乐趣，进而提高学习效果。

（三）培养学生的自主学习能力和创新精神

个性化教学策略强调学生的主体性和自主性，鼓励学生自主学习和探究。通过提供个性化的学习资源和指导，教师可以帮助学生培养自主学习能力和创新精神。例如，教师可以根据学生的兴趣和能力，推荐适合的 Python 学习资源和学习路径，引导他们进行自主学习和探索；同时，教师还可以鼓励学生参与开源项目、参加编程竞赛等活动，培养他们的实践能力和创新精神。这种教学方式能够帮助学生形成自主学习的习惯，为他们未来的学习和职业发展打下坚实的基础。

个性化教学策略在 Python 程序设计与应用教学中具有重要意义。通过满足不同学生的学习需求、激发学生的学习兴趣和积极性以及培养学生的自主学习能力和创新精神等方面的努力，个性化教学策略可以为学生提供更加符合他们需求和特点的教学体验，帮助他们更好地掌握 Python 编程技能并实现个人发展。

第二节　学生项目指导与评估

一、项目选题指导

项目选题在 Python 程序设计与应用教学中是至关重要的一环。一个合适的项目选题不仅能够激发学生的学习兴趣，还能够帮助学生将所学知识应用于实际问题中，从而提升他们的实践能力。

（一）选题与课程目标的契合性

项目选题应与课程目标紧密相连。教师在指导学生选题时，应确保项目内容能够涵盖课程所学的关键知识点和技能点，使学生在完成项目的过程中能够综合运用所学知识。这样的选题能够帮助学生巩固和拓展课程内容，提升他们的学习效果。

（二）选题的实际应用价值

项目选题应具有实际应用价值。教师应鼓励学生关注生活中的实际问题，选择具有现实意义和实用价值的项目。这样的选题能够使学生更加深入地了解 Python 编程在实际应用中的作用和价值，激发他们的学习兴趣和动力。

（三）选题的挑战性与探索性

项目选题还应具有一定的挑战性和探索性。过于简单的项目可能无法激发学生的学习兴趣，而过于复杂的项目则可能超出学生的能力范围，导致他们产生挫败感。因此，教师在选题指导时应根据学生的实际情况和能力水平，选择具有一定难度但又在学生能力范围内的项目。这样的选题能够激发学生的挑战精神，促使他们主动探索和创新。

（四）选题的个性化与多样性

项目选题应注重个性化和多样性。每个学生都有各自的兴趣和特长，教师应尊重学生的个体差异，鼓励他们根据自己的兴趣和需求选择项目。同时，教师还应提供多样化的项目选题，以满足不同学生的需求。这样的选题能够使学生在完成项目的过程中充分发挥自己的优势和特长，实现个性化发展。

项目选题指导在 Python 程序设计与应用教学中具有重要意义。通过确保选题与课程目标的契合性、选题的实际应用价值、选题的挑战性与探索性以及选题的个性化与多样性等方面的指导，教师可以帮助学生选择合适的项目，激发他们的学习兴趣和动力，提升他们的实践能力和综合素质。因此，在 Python 教学中，教师应注重项目选题指导，为学生提供有针对性的指导和支持。

二、项目进度监控

在 Python 程序设计与应用教学中，项目进度监控是确保项目顺利进行和达成预期目标的关键环节。通过有效的进度监控，教师可以及时掌握学生的项目进展情况，发现问题并采取相应的措施进行干预，从而保证项目的质量和效果。

（一）确保项目按计划进行

项目进度监控的首要任务是确保项目按照既定的计划进行。教师可以通过定期检查学生的项目进度，与学生沟通并了解他们的进展情况，确保学生按照预定的时间节点完成任务。这样可以避免学生因拖延或偏离计划而导致项目无法按时完成的情况。

（二）及时发现问题并采取措施

通过项目进度监控，教师可以及时发现学生在项目执行过程中遇到的问题和困难。这些问题涉及技术难题、资源不足、团队协作等方面。一旦发现这些问题，教师可以及时与学生沟通，并提供必要的指导和支持，帮助学生克服困难，从而保证项目的顺利进行。

（三）调整项目计划以应对变化

在实际的项目执行过程中，可能会出现一些不可预见的变化，如需求变更、资源调整等。项目进度监控能够帮助教师及时了解和评估这些变化对项目的影响，从而做出相应的调整。通过调整项目计划，教师可以确保项目在变化的环境中仍然能够保持正确的方向和目标。

（四）提升学生的学习效率和质量

项目进度监控有助于提升学生的学习效率和质量。通过定期的检查和反馈，教师可以帮助学生认识到自己在项目执行中的不足和错误，从而引导他们进行改进和修正。同时，教师还可以根据学生的进度和表现，为他们提供个性化的学习建议和资源，帮助他们更好地掌握知识和技能。

（五）培养学生的时间管理和自我监控能力

项目进度监控不仅是教师对学生的管理过程，也是培养学生自我管理能力的过程。通过参与项目进度的规划和监控，学生可以学会如何合理地安排时间、设定目标并监控自己的进度。这种能力的培养对学生未来的学习和职业发展都具有重要意义。

项目进度监控在 Python 程序设计与应用教学中具有重要的作用。通过确保项目按计划进行、及时发现问题并采取措施、调整项目计划以应对变化、提升学生的学习效率和质量以及培养学生的时间管理和自我监控能力等方面的努力，教师可以更好地管理学生的项目学习，促进他们的全面发展。

三、问题解决能力的培养

在 Python 程序设计与应用教学中，培养学生的问题解决能力是一项至关重要的任务。这种能力不仅关乎学生能否有效地应对编程过程中的各种挑战，还是他们未来职业发展中不可或缺的核心素养。

（一）提升逻辑思维与分析能力

问题解决能力的培养有助于提升学生的逻辑思维与分析能力。在 Python 编程中，学生需要面对复杂的问题，通过分解、抽象和归纳等方法，找出问题的关键所在，并提出有效的解决方案。这一过程锻炼了他们的逻辑思维和分析能力，使他们能够更加清晰地思考和表达问题。

（二）增强实践操作能力

问题解决能力的培养还有助于增强学生的实践操作能力。在 Python 教学中，学生不仅需要掌握理论知识，还需要将这些知识应用于实际问题中。通过解决实际问题，学生可以锻炼自己的动手能力和实践能力，积累宝贵的经验。这种实践操作能力的提升对于提高学生的编程技能和综合素质具有重要意义。

（三）培养创新精神与探索意识

问题解决能力的培养能够激发学生的创新精神与探索意识。在 Python 编程中，学生常常需要面对未知的挑战和困难。通过不断地尝试和探索，学生可以发现新的解决方案和方法，培养自己的创新精神。同时，问题解决过程也激发了他们的探索意识，使他们更加乐于接受新事物和挑战。

（四）提升团队协作与沟通能力

问题解决能力的培养还有助于提升学生的团队协作与沟通能力。在 Python 项目中，学生通常需要与他人合作完成任务。通过共同解决问题，学生可以学会如何与他人协作、沟通和分享经验。这种团队协作和沟通能力的提升不仅有助于项目的顺利完成，还能够为学生未来的职业发展打下坚实的基础。

问题解决能力培养在 Python 程序设计与应用教学中具有极其重要的作用。通过提升学生的逻辑思维与分析能力、增强实践操作能力、培养创新精神与探索意识以及提升团队协作与沟通能力等方面的努力，教师可以帮助学生更好地应对编程过程中的各种挑战，从而提高他们的综合素质和竞争力。因此，在 Python 教学中，教师应注重培养学生的问题解决能力，为他们未来的学习和职业发展奠定坚实的基础。

四、项目成果评估标准

在 Python 程序设计与应用教学中，项目成果评估是确保学生学习效果和教学质量的重要环节。一个合理且全面的评估标准能够客观、公正地评价学生的项目完成情况，同时为学生提供明确的学习目标和方向。

（一）明确学习目标和要求

制定项目成果评估标准有助于明确学生的学习目标和要求。评估标准中包含了对学生项目完成情况的各项要求和指标，这些要求和指标直接反映了教学目标和期望。学生在了解评估标准后，可以更加清楚地知晓自己需要达到什么样的水平，从而有针对性地开展学习和实践。

（二）客观评价项目成果

项目成果评估标准能够提供客观、公正的评价依据。评估标准通常基于项目的实际完成情况、功能实现、创新性、代码质量等方面进行综合考量，避免了主观臆断和偏见的影响。这样的评估方式能够确保评价结果的客观性和公正性，让学生和教师都能够信服。

（三）促进技能提升和全面发展

通过项目成果评估，学生可以及时发现自己在技能掌握和应用方面的不足，从而有针对性地进行改进和提升。评估标准中的各项要求和指标能够引导学生关注技能的细节和要点，促进他们在实践中不断提升自己的编程能力和综合素质。同时，评估过程还能够帮助学生发现自己的优势和特长，为他们的个性化发展提供参考和指导。

（四）提升教学质量和效果

项目成果评估标准对于提升教学质量和效果具有重要意义。教师可以通过评估学生的项目成果，了解学生在学习中存在的问题和困难，从而调整教学策略和方法，以提高教学效果。同时，评估结果还可以作为教师教学效果的反馈，帮助他们反思和改进自己的教学方法和手段。

（五）激励学生积极参与和主动学习

合理的项目成果评估标准能够激励学生积极参与和主动学习。评估标准中的各项要求和指标为学生设定了明确的学习目标和挑战，激发了他们的学习动力和求知欲。学生在追求项目成果的过程中，会投入更多的时间和精力进行学习和实践，从而提升自己的学习效果和综合素质。

项目成果评估标准在 Python 程序设计与应用教学中发挥着至关重要的作用。通过明确学习目标和要求、客观评价项目成果、促进技能提升和全面发展、提升教学质量和效果以及激励学生积极参与和主动学习等方面的努力，项目成果评估标准能够确保教学的有效性和学生的全面发展。因此，在 Python 教学中，教师应重视并合理运用项目成果评估标准，以提高教学质量和促进学生成长。

五、项目反馈与改进建议

项目反馈与改进建议在 Python 程序设计与应用教学中是不可或缺的一环。它们不仅有助于教师了解学生的学习情况，还能为教学改进提供有力的依据。

（一）项目反馈：评估教学效果与学生掌握情况

项目反馈是了解学生学习效果的重要途径。通过收集学生在项目完成过程中的反馈，教师可以及时了解学生对知识的掌握程度、遇到的困难及存在的问题。这种反馈能够帮助教师更加准确地评估教学效果，发现教学中的不足之处，从而为后续的教学改进提供依据。同时，项目反馈也能让学生感受到教师的关注和关心，从而增强他们的学习动力和信心。

（二）改进建议：提升教学质量与学生学习体验

基于项目反馈，教师可以提出有针对性的改进建议。这些建议涉及教学内容的调整、教学方法的改进、教学资源的补充等方面。通过实施这些建议，教师可以不断优化教学方案，提升教学质量，使教学更加符合学生的实际需求和学习特点。同时，改进建议也能帮助学生更好地理解和掌握 Python 编程知识，提升他们的学习效果和学习体验。

（三）促进师生交流与互动，构建良好的教学环境

项目反馈与改进建议的收集和处理过程也是师生交流与互动的重要环节。通过这一环节，教师可以与学生建立更加紧密的联系，了解他们的想法和需求，从而构建更加和谐、融洽的教学环境。同时，学生也能通过反馈和建议表达自己的观点和意见，并参与到教学改进中来，进而增强他们的主体意识和参与度。这种良好的师生交流与互动有助于提升教学效果和学生的学习效果，从而形成积极的教学氛围。

项目反馈与改进建议在 Python 程序设计与应用教学中具有重要意义。它们不仅有助于教师评估教学效果和学生掌握情况，还能为教学改进提供有力的依据。同时，通过促进师生交流与互动，项目反馈与改进建议还能构建良好的教学环境，提升教学质量和学生学习体验。因此，在 Python 教学中，教师应注重收集和处理学生的项目反馈，认真倾听他们的建议和意见，并根据反馈和建议进行有针对性的教学改进，以不断提升教学效果和促进学生的全面发展。

第三节　教学资源的获取与利用

一、教材与教辅资源

在 Python 程序设计与应用的教学过程中，教材与教辅资源的重要性不言而喻。它们不仅是学生学习的基础，也是教师教学的依托。

（一）提供系统、全面的知识体系

优秀的 Python 教材往往能够为学生提供系统、全面的知识体系。这些教材从基础知识讲起，逐步深入高级应用，涵盖 Python 语言的基本语法、数据结构、算法设计、面向对象编程、Web 开发、数据分析等方面。学生可以通过学习教材，逐步建立起完整的 Python 知识体系，为后续的实践应用打下坚实的基础。

同时，教材往往还会对 Python 语言的特性和优势进行详细的介绍，帮助学生更好地理解 Python 的适用场景和优势所在。这对于激发学生的学习兴趣和动力，以及培养学生的编程思维和解决问题的能力具有重要意义。

（二）辅助教师进行教学设计与实施

教辅资源在 Python 教学中同样扮演着重要角色。这些资源包括教学课件、习题集、实验指导等，它们能够辅助教师进行教学设计与实施，提高教学效果。

教学课件可以帮助教师梳理教学内容，明确教学目标和重点难点，使教学更加条理清晰。习题集则可以提供丰富的练习题，帮助学生巩固所学知识，提高编程实践能力。实验指导可以为学生提供具体的实践任务和指导，帮助他们将理论知识应用于实际项目中，培养其解决问题的能力。

（三）促进学生学习效果的提升

优质的教材与教辅资源还能够促进学生学习效果的提升。这些资源通常具有针对性强、实用性高的特点，能够帮助学生更好地理解和掌握 Python 编程知识。

通过学习教材，学生可以系统地掌握 Python 语言的基本语法和编程思想；通过完成习题集和实验任务，学生可以锻炼自己的编程能力和解决问题的能力；通过参考教辅资源中的案例和讲解，学生可以了解 Python 在实际应用中的具体用法和技巧。

此外，一些教辅资源还会提供在线答疑、学习交流等服务，为学生提供一个良好的学习环境和学习氛围。这些服务能够帮助学生及时解决学习中遇到的问题，提高学习效果和学习体验。

教材与教辅资源在 Python 程序设计与应用教学中发挥着重要的作用。它们不仅能够提供系统、全面的知识体系，辅助教师进行教学设计与实施，还能够促进学生学习效果的提升。因此，在 Python 教学中，我们应该重视教材与教辅资源的选择和使用，为学生提供高质量的教学资源和良好的学习环境。

二、在线学习平台与社区

随着信息技术的飞速发展，在线学习平台与社区在 Python 程序设计与应用教学中扮演着越来越重要的角色。它们为学生和教师提供了一个便捷、高效的学习与交流环境，有效地促进了教学效果的提升。

（一）资源丰富、学习便捷

在线学习平台通常汇集了大量的 Python 教学资源，包括视频教程、电子书籍、在线课程等，涵盖了从入门到精通的各个层次和方面。学生可以根据自己的学习进度和兴趣选择适合自己的学习资源，随时随地进行学习。这种便捷的学习方式不仅节省了学生的学习时间，还提高了他们的学习效率。

（二）互动性强、交流方便

在线学习社区为学生和教师提供了一个互动交流的平台。学生可以在社区中提问、讨论问题、分享学习心得，与其他学习者共同进步。教师则可以通过社区了解学生的学习情况和反馈，及时调整教学策略，提高教学效果。这种互动性的学习方式有助于激发学生的学习兴趣和动力，培养他们的自主学习能力和团队合作精神。

（三）个性化学习、因材施教

在线学习平台与社区支持个性化学习。学生可以根据自己的学习特点和需求，制订个性化的学习计划和学习路径。平台还可以根据学生的学习数据和反馈，智能推荐相关的学习资源和课程，实现因材施教。这种个性化的学习方式有助于满足学生的不同需求，提高他们的学习效果和学习体验。

（四）实时更新、紧跟前沿

在线学习平台与社区的内容通常能够实时更新，紧跟 Python 编程技术的最新发展。学生可以通过平台了解最新的编程理念、技术和工具，拓宽视野，增强竞争力。同时，教师也可以通过平台获取最新的教学资源和教学方法，不断更新自己的教学内容和方式，提高教学质量。

（五）提升自主学习能力，培养终身学习习惯

在线学习平台与社区强调学生的自主学习和自主探究能力。学生在使用这些平台时，需要主动寻找资源、解决问题、参与讨论，这有助于培养他们的独立思考和解决问题的能力。同时，在线学习的灵活性和持续性也有助于学生养成终身学习的习惯，不断适应和应对未来的技术变革。

在线学习平台与社区在 Python 程序设计与应用教学中具有重要的作用。它们提供了丰富的学习资源、便捷的学习方式、互动的交流环境及个性化的学习体验，有助于提升学生的学习效果和学习体验，培养他们的自主学习能力和终身学习习惯。因此，在 Python 教学中，我们应充分利用在线学习平台与社区的优势，为学生创造一个更加高效、便捷的学习环境。

三、开源项目与代码库

在 Python 程序设计与应用教学中，开源项目与代码库扮演着举足轻重的角色。它们不仅为学生提供了宝贵的实践资源，还为教师提供了丰富的教学素材。

（一）提供实践机会，深化理论理解

开源项目与代码库为学生提供了大量的实践机会。通过参与开源项目，学生可以接触到真实的项目环境，了解项目的开发流程、团队协作及代码规范等方面的知识。同时，学生还可以通过分析代码库中的优秀代码，学习如何编写高效、可维护的 Python 代码，从而掌握 Python 编程的核心思想和技巧。这种实践性的学习方式有助于学生将理论知识与实际应用相结合，深化其 Python 编程的理解。

此外，参与开源项目还能帮助学生培养解决问题的能力。在项目中，学生可能会遇到各种技术难题和挑战，通过查阅文档、寻求帮助、尝试解决方案等过程，他们可以逐渐提升自己的问题解决能力。这种能力在未来的学习和工作中都是非常重要的。

（二）丰富教学资源，辅助教学实施

开源项目与代码库也为教师提供了丰富的教学资源。教师可以利用这些资源来丰富教学内容，使教学更加生动、有趣。例如，教师可以选取一些具有代表性的开源项目作为教学案例，引导学生分析项目的结构、功能和实现方式，帮助学生更好地理解 Python 编程的实际应用；同时，教师还可以利用代码库中的示例代码来演示 Python 编程的基本语法和常用技巧，提高学生的学习兴趣和积极性。

此外，开源项目与代码库还可以为教师提供教学素材的更新和补充。随着 Python 技术的不断发展，新的开源项目和代码库不断涌现。教师可以及时关注这些动态，将最新的资源和内容引入教学中，以保持教学的时效性和前沿性。

（三）促进学习交流，拓宽学术视野

开源项目与代码库还是一个学习交流的平台。通过参与开源项目，学生可以结识来自世界各地的开发者，与他们进行交流和合作。这种跨文化的交流有助于学生拓宽学术视野，了解不同地域和文化背景下的编程习惯和技巧。同时，学生还可以通过阅读开源项目的文档和社区讨论，了解项目的最新进展和研究方向，为自己的学术研究和职业发展打下基础。

总之，开源项目与代码库在 Python 程序设计与应用教学中具有重要的作用。它们为学生提供了实践机会和教学资源，帮助学生深化理论理解、提升实践能力；同时，它们也为教师提供了丰富的教学素材和更新渠道，促进了教学的时效性和前沿性。因此，在 Python 教学中，我们应充分利用开源项目与代码库的优势，为学生创造一个更加开放、多元的学习环境。

四、实验环境与工具

在 Python 程序设计与应用教学中，实验环境与工具的选择和使用至关重要。它们不仅影响着学生的学习效果，还直接关系到教师的教学质量。

（一）提供真实的编程环境，促进实践操作

实验环境是学生学习 Python 编程的重要场所。一个真实的、稳定的编程环境能够让学生更好地进行实践操作，体验编程的乐趣。通过搭建适合 Python 编程的实验环境，学生可以自由地进行代码编写、调试和测试，从而加深其对 Python 编程的理解和掌握。

同时，实验环境还可以提供必要的资源支持，如编译器、解释器、库文件等，确保学生在编程过程中能够顺利地进行开发和运行。这些资源的丰富性和可用性会直接影响到学生的实践效果和学习体验。

（二）辅助工具提升学习效率，优化学习体验

在 Python 教学中，辅助工具的使用可以极大地提升学生的学习效率和学习体验。例如，集成开发环境可以为学生提供代码编辑、自动补全、语法检查等功能，帮助学生更加高效地进行代码编写和调试。版本控制工具则可以帮助学生管理代码版本、记录代码变更历史，方便团队协作和项目管理。

此外，还有一些专门针对 Python 教学的在线平台和学习工具，它们提供了丰富的学习资源和互动功能，如在线编程练习、视频教程、学习社区等，有助于激发学生的学习兴趣和动力，提高他们的学习效果和学习体验。

（三）支持多种操作系统，满足不同学习需求

Python 作为一种跨平台的编程语言，可以在多种操作系统上运行。因此，在选择实验环境与工具时，应考虑到不同操作系统的兼容性和适配性，确保学生能够根据自己的学习需求和习惯，在不同的操作系统上进行 Python 编程学习。

同时，对教学机构而言，提供多平台的实验环境与工具也有助于满足不同学生的学习需求，提高教学的灵活性和适应性。

（四）促进教学改革与创新，提升教学质量

实验环境与工具的更新和发展也推动着 Python 教学的改革与创新。随着新技术的不断涌现和普及，一些新的实验环境和工具也应运而生，它们为 Python 教学提供了更多的可能性和选择。

教师可以根据自己的教学需求和目标，选择适合的实验环境和工具，进行有针对性的教学改革和创新。例如，利用云计算技术搭建在线实验环境，实现远程教学和协

作学习；利用人工智能和大数据分析技术优化教学评估和反馈机制等。这些创新实践有助于提升 Python 教学的质量和效果，推动教学水平的提高。

实验环境与工具在 Python 程序设计与应用教学中具有重要的作用。它们为学生提供了真实的编程环境和丰富的辅助工具，促进了实践操作和学习效率的提升；同时，它们也支持多种操作系统，满足了不同学习需求，并推动了教学改革与创新。因此，在 Python 教学中，我们应充分重视实验环境与工具的选择和使用，为学生创造一个优质的学习环境。

五、资源整合与利用策略

在 Python 程序设计与应用教学中，资源整合与利用策略的实施对于提升教学效果、优化学习环境至关重要。

（一）系统整合教学资源，构建完善的教学体系

资源整合的首要任务是系统整合各类教学资源，包括教材、教辅、在线平台、开源项目等，构建一个完善的教学体系。这一体系应覆盖 Python 语言的基础知识、进阶技能及实际应用等多个层面，确保学生能够从入门到精通逐步提升。同时，教学体系还应将理论与实践相结合，为学生提供充足的实践机会，帮助他们将理论知识转化为实际操作能力。

（二）充分利用在线资源，拓展教学空间与时间

在线资源具有开放性、共享性和实时性的特点，是 Python 教学中不可或缺的一部分。通过整合在线学习平台、社区、视频教程等资源，教师可以拓展教学空间与时间，为学生提供更加灵活、便捷的学习方式。学生可以随时随地进行自主学习、交流讨论，解决学习中遇到的问题。同时，在线资源还可以为教师提供丰富的教学素材和教学方法、帮助他们创新教学方式，提升教学效果。

（三）深入挖掘开源项目，丰富实践教学内容

开源项目作为 Python 教学中的重要实践资源，具有极高的利用价值。通过深入挖掘开源项目，教师可以将其引入课堂教学或作为课后实践任务，让学生参与到真实的项目开发中。这不仅可以帮助学生了解项目的开发流程、团队协作等方面的知识，还可以让他们在实践中学习如何编写高质量的 Python 代码。同时，参与开源项目还可以培养学生的问题解决能力、团队协作能力等综合素质，为他们的未来发展打下坚实基础。

（四）制定合理的资源利用策略，提升教学效果与质量

资源整合与利用的最终目的是提升教学效果与质量。因此，制定合理的资源利用策略至关重要。教师应根据学生的实际情况和学习需求，选择适合的教学资源和教学方法；同时，还应注重资源的更新与维护，确保资源的时效性和准确性。此外，教师还应积极引导学生合理利用资源，培养他们的自主学习能力和信息素养。通过这些措施的实施，可以进一步提升 Python 教学的效果与质量，为学生的全面发展提供有力支持。

资源整合与利用策略在 Python 程序设计与应用教学中具有重要作用。通过系统整合教学资源、充分利用在线资源、深入挖掘开源项目及制定合理的资源利用策略等措施的实施，可以构建完善的教学体系、拓展教学空间与时间、丰富实践教学内容并提升教学效果与质量。这将为学生的 Python 学习提供更加优质的环境和条件，促进他们的全面发展。

第四节　Python 教学的研究与反思

一、教学研究的重要性

在 Python 程序设计与应用教学中，教学研究具有举足轻重的地位。它不仅是提升教学质量的关键，也是推动教学创新的重要动力。

（一）深化对教学内容的理解，提升教学质量

教学研究有助于教师深化对 Python 程序设计与应用教学内容的理解。通过对教材、教学大纲及相关教学资源的深入研究，教师可以更加准确地把握课程的重点和难点，从而有针对性地制订教学计划和教学方法。同时，教学研究还可以帮助教师及时了解行业动态和技术发展，确保教学内容与时俱进，满足学生的实际需求。通过深化对教学内容的理解，教师可以更好地传授知识、解答疑惑，提升教学质量，为学生的 Python 学习奠定坚实基础。

（二）探索有效的教学方法，激发学生的学习兴趣

教学研究是探索有效教学方法的重要途径。在 Python 程序设计与应用教学中，教师可以通过教学研究尝试不同的教学方法和手段，如项目式教学、案例分析、在线学习等，以激发学生的学习兴趣和积极性。同时，教学研究还可以帮助教师关注学生

的学习需求和反馈，以便及时调整教学策略，进而提高教学效果。通过探索有效的教学方法，教师可以让 Python 教学变得更加生动有趣，从而提高学生的学习体验和学习效果。

（三）推动教学创新，促进教学改革

教学研究是推动教学创新的重要动力。在 Python 程序设计与应用教学中，教师可以通过教学研究尝试新的教学理念、教学模式和教学技术，以推动教学改革和创新。例如，教师可以利用大数据、人工智能等先进技术对教学过程进行智能化管理，提高教学效率和质量；也可以尝试开展跨学科教学，将 Python 与其他学科相结合，培养学生的综合素质和创新能力。通过教学研究推动教学创新，可以使 Python 教学更加符合时代发展的需求，为学生的未来发展提供更多可能性。

（四）提升教师的专业素养和教学能力

教学研究是提升教师专业素养和教学能力的重要途径。通过教学研究，教师可以不断反思自己的教学实践，总结经验教训，提升教学水平和能力。同时，教学研究还可以帮助教师与同行进行交流和合作，分享教学经验和教学资源，共同推动 Python 程序设计与应用教学的发展。通过不断提升教师的专业素养和教学能力，可以确保 Python 教学质量和效果的持续提升，为学生的成长和发展提供更好的支持和保障。

教学研究在 Python 程序设计与应用教学中具有重要地位和作用。它有助于深化教师对教学内容的理解、探索有效的教学方法、推动教学创新以及提升教师的专业素养和教学能力。因此，我们应高度重视教学研究在 Python 教学中的作用，积极开展相关研究和实践工作，为提升 Python 教学质量和效果贡献力量。

二、教学方法与效果研究

在 Python 程序设计与应用教学中，教学方法与效果研究是提升教学质量、优化教学流程的关键环节。通过深入研究教学方法与效果，教师能够更有针对性地开展教学活动，从而提高学生的学习效果和实践能力。

（一）探索多样化的教学方法，满足学生个性化需求

每个学生都有其独特的学习方式和兴趣点，因此，教学方法的多样化至关重要。通过教学方法与效果研究，教师可以探索并实践各种教学方法，如翻转课堂、混合式教学、项目驱动等，以满足不同学生的学习需求。这些多样化的教学方法能够激发学生的学习兴趣，提高他们的参与度，进而提升学习效果。

（二）优化教学流程，提高教学效率

教学方法与效果研究有助于教师发现教学过程中的瓶颈和问题，从而针对性地优化教学流程。例如，通过研究学生的学习习惯和反馈，教师可以调整课程进度、难度和重点，使教学更加符合学生的实际需求。同时，教师还可以利用技术手段，如在线学习平台、智能教学系统等，提高教学效率，为学生提供更加便捷的学习体验。

（三）评估教学效果，为教学改进提供依据

教学方法与效果研究的核心在于对教学效果的评估。通过对学生学习成果、学习态度、学习动力等方面的评估，教师可以了解教学方法的优劣，从而为教学改进提供依据。同时，教学效果评估还可以帮助教师发现学生的学习难点和困惑，进而提供有针对性的指导和帮助。这种以评估为基础的教学改进，能够使教学更加贴近学生实际，提高教学效果。

（四）推动 Python 教学的创新与发展

教学方法与效果研究不仅有助于提升当前的教学质量，还能够推动 Python 教学的创新与发展。通过对教学方法的不断探索和实践，教师可以总结出更加适合 Python 教学的新模式、新策略，为 Python 教学的发展提供新的动力。同时，教学方法与效果研究还可以促进教师之间的交流与合作，推动 Python 教学领域的共同进步。

教学方法与效果研究在 Python 程序设计与应用教学中具有重要意义。通过探索多样化的教学方法、优化教学流程、评估教学效果及推动教学创新与发展，教师可以更好地满足学生的学习需求，进而提升教学效果和质量。因此，我们应高度重视教学方法与效果研究在 Python 教学中的作用，积极开展相关研究和实践工作。

三、学生学习特点与需求研究

在 Python 程序设计与应用教学中，深入了解学生的学习特点与需求是至关重要的。通过对学生学习特点与需求的精准把握，教师可以更加有效地设计教学内容、选择教学方法，从而满足学生的个性化学习需求，提高教学质量。

（一）理解学习特点，因材施教提升教学效果

每个学生的学习特点都是独一无二的，包括学习习惯、思维方式、兴趣爱好等方面。通过对学生学习特点的研究，教师可以更加深入地了解每个学生的独特之处，从而制订更加个性化的教学方案。例如，对于逻辑思维能力较强的学生，教师可以加强算法和逻辑结构的教学；对于动手能力强的学生，教师可以提供更多的实践机会和项目任务。通过因材施教，教师可以更好地激发学生的学习兴趣，从而提升教学效果。

（二）把握学习需求，优化教学内容与方法

学生的学习需求是教学过程中的重要参考依据。通过对学生学习需求的研究，教师可以了解学生对 Python 编程的期望、兴趣点及遇到的困难。基于这些需求，教师可以调整教学内容的难度和深度，选择更加合适的教学方法，如引入趣味性的项目、设计互动性的教学活动等。同时，教师还可以根据学生的反馈和需求，及时调整教学策略，以提高教学的针对性和有效性。

（三）满足个性化学习需求，促进学生全面发展

在 Python 程序设计与应用教学中，学生的个性化学习需求日益凸显。不同学生可能对 Python 编程的不同方面感兴趣，有的关注数据分析，有的关注人工智能，有的关注网页开发等。通过对学生学习特点与需求进行研究，教师可以提供更加多样化的学习资源和路径，以满足学生的个性化学习需求。同时，教师还可以引导学生根据自己的兴趣和特长选择适合的学习方向，培养学生的专业素养和综合能力，促进学生的全面发展。

学生学习特点与需求研究在 Python 程序设计与应用教学中具有重要意义。通过了解学生的学习特点、把握学习需求以及满足个性化学习需求，教师可以更加精准地设计教学内容、选择教学方法，从而提高教学质量和效果。因此，教师应积极开展学生学习特点与需求研究，为学生的 Python 学习提供有力支持。

四、教学反思与改进策略

教学反思与改进策略是 Python 程序设计与应用教学中的重要环节，对于提升教学质量、优化教学过程具有关键性作用。通过教学反思，教师可以总结教学经验、发现教学问题；而改进策略的制定则能为解决教学问题、提高教学效果提供有力指导。

（一）总结教学经验，提炼教学智慧

教学反思是教师对自己教学过程和效果的深入思考和总结。通过反思，教师可以回顾自己的教学实践，总结成功的教学经验和方法，提炼出适用于 Python 程序设计与应用教学的教学智慧。这些教学智慧不仅有助于教师提升教学水平，还能为其他教师提供借鉴和参考，从而推动整个教学团队的发展。

（二）发现教学问题，明确改进方向

教学反思也是发现教学问题的重要途径。在教学过程中，教师难免会遇到各种问题和挑战，如学生理解困难、教学效果不佳等。通过反思，教师可以深入分析这些问题的原因和影响，明确改进的方向和重点。这有助于教师有针对性地调整教学策略和方法，解决教学难题，提高教学效果。

（三）制定改进策略，优化教学过程

在发现教学问题后，制定改进策略是解决问题的关键。改进策略的制定需要基于教学反思的结果，结合学生的学习特点和需求，以及 Python 程序设计与应用教学的特点进行综合考虑。通过制定具体的改进策略，教师可以优化教学过程、改进教学内容和方法、提高学生的学习兴趣和参与度，从而提升教学效果。

（四）持续跟踪反馈，完善教学策略

教学反思与改进策略的制定并不是一次性的工作，而是一个持续的过程。在教学过程中，教师需要不断跟踪学生的学习情况和反馈，及时调整和改进教学策略。同时，教师还需要关注行业动态和技术发展，及时更新教学内容和方法，确保 Python 程序设计与应用教学的时效性和前瞻性。通过持续跟踪反馈和完善教学策略，教师可以不断提高自己的教学水平和能力，为学生的学习和发展提供更好的支持。

教学反思与改进策略在 Python 程序设计与应用教学中具有重要意义。通过总结教学经验、发现教学问题、制定改进策略以及持续跟踪反馈，教师可以不断提升教学质量和效果，为学生的 Python 学习提供更加优质的教学服务。因此，教师应高度重视教学反思与改进策略的制定和实施工作，不断提升自己的专业素养和教学能力。

五、教学研究成果的应用与推广

教学研究成果的应用与推广是 Python 程序设计与应用教学中不可或缺的一环。它不仅有助于提升教学质量，还能推动 Python 教学的创新与发展。

（一）优化教学内容，提高教学质量

通过将教学研究成果应用于实际教学中，教师可以根据研究成果优化教学内容，使其更加符合学生的学习特点和需求。这有助于激发学生的学习兴趣，提高他们的参与度，进而提升教学质量。同时，教学研究成果的应用还可以帮助教师发现教学中的不足，进行有针对性的改进，以进一步提高教学效果。

（二）推广先进教学方法，促进教学创新

教学研究成果中往往包含了许多先进的教学方法和策略。通过推广这些成果，教师可以借鉴和应用这些方法和策略，促进 Python 教学的创新。这些新的教学方法包括项目式教学、翻转课堂、混合式教学等，它们能够为学生提供更加多样化的学习体验，培养他们的综合素质和创新能力。

（三）加强教师之间的交流与合作，提升教学团队水平

教学研究成果的应用与推广还可以加强教师之间的交流与合作。通过分享研究成果和教学经验，教师可以相互学习、相互启发，共同提升教学团队的水平。这种交流与合作不仅可以促进教师个人的成长，还可以推动整个教学团队的发展，为 Python 教学提供更加坚实的支撑。

（四）推动 Python 教学的普及与发展

教学研究成果的应用与推广有助于推动 Python 教学的普及与发展。通过将研究成果转化为实际的教学实践，可以吸引更多的学生参与到 Python 学习中，扩大 Python 教学的影响力。同时，这些成果还可以为其他学科的教学提供借鉴和参考，从而推动跨学科教学的发展。

（五）提升教育行业的整体教学水平

Python 程序设计与应用教学作为现代计算机教育的重要组成部分，其教学研究成果的应用与推广对于提升整个教育行业的整体教学水平具有重要意义。这些成果不仅可以在 Python 教学中发挥作用，还可以为其他编程语言或计算机相关课程的教学提供有益的参考和启示。通过广泛推广和应用这些成果，可以推动整个教育行业的教学创新和质量提升。

教学研究成果的应用与推广在 Python 程序设计与应用教学中具有重要的作用。通过优化教学内容、推广先进教学方法、加强教师之间的交流与合作、推动 Python 教学的普及与发展、提升教育行业的整体教学水平，我们可以不断提升 Python 教学的质量和效果，为学生的成长和发展提供更好的支持。

第八章 Python 应用前沿与趋势

第一节 人工智能与 Python

一、机器学习框架与 Python

在 Python 程序设计与应用教学中，机器学习框架的学习与应用占据了至关重要的地位。Python 作为一种强大的编程语言，其简洁的语法和丰富的库使得它成为机器学习和数据科学领域的首选工具。

（一）Python 的普及性与易用性

Python 因其简洁易懂的语法和强大的功能库，在全球范围内受到了广泛的欢迎。在 Python 程序设计与应用教学中，Python 的普及性意味着学生可以更容易地获取学习资源和社区支持，从而更快地掌握编程技能。同时，Python 的易用性也降低了学习门槛，使得初学者能够轻松上手，逐步深入理解编程的核心概念。

（二）机器学习框架的集成性

Python 拥有丰富的机器学习框架，如 TensorFlow、PyTorch、Scikit-learn 等，这些框架为机器学习和数据科学的实践提供了强大的支持。在程序设计与应用教学中，通过学习这些框架，学生可以掌握机器学习的基本原理和算法，了解如何应用这些算法解决实际问题。此外，这些框架通常具备良好的集成性，能够与其他 Python 库和工具无缝对接，从而简化了开发流程，提高了开发效率。

（三）实践能力的培养

程序设计与应用教学注重培养学生的实践能力。通过学习机器学习框架与 Python，学生可以参与实际项目，运用所学知识解决实际问题。这种实践性的学习方式有助于加深学生对理论知识的理解，提高他们的编程技能和解决问题的能力。同时，通过参与项目实践，学生还能够培养团队合作精神和创新意识，为未来的职业发展奠定坚实基础。

（四）适应行业发展趋势

随着人工智能和大数据技术的不断发展，机器学习和数据科学领域的需求日益旺盛。在程序设计与应用教学中，加强机器学习框架与 Python 的学习，有助于培养学生的行业竞争力，使他们能够更好地适应未来的就业市场。此外，通过学习这些前沿技术，学生还能够拓展自己的视野，了解行业发展动态，为未来的职业发展做好充分的准备。

机器学习框架与 Python 在程序设计与应用教学中具有举足轻重的地位。通过学习 Python 的普及性与易用性、机器学习框架的集成性、实践能力的培养及适应行业发展趋势等方面的内容，学生可以全面提升自己的编程技能和解决问题的能力，为未来的职业发展奠定坚实基础。

二、深度学习算法与实现

在 Python 程序设计与应用教学中，深度学习算法与实现是不可或缺的一部分。深度学习作为机器学习的一个分支，近年来在图像识别、语音识别、自然语言处理等领域取得了显著进展。掌握深度学习算法与实现对于提升学生的编程能力和解决实际问题具有重要意义。

（一）理解深度学习的基本原理与算法

深度学习算法的实现基于神经网络的结构和原理。在 Python 程序设计与应用教学中，通过学习深度学习算法，学生可以深入理解神经网络的构成、前向传播、反向传播等基本原理。这些原理不仅有助于学生掌握深度学习的核心思想，还能为他们在后续的学习中灵活运用各种深度学习模型奠定基础。同时，通过学习不同类型的神经网络（如卷积神经网络、循环神经网络等），学生可以了解各种网络结构的特点和适用场景，从而根据实际问题选择合适的网络模型。

（二）掌握深度学习框架与工具的使用

在 Python 程序设计与应用教学中，深度学习框架与工具的学习是实现深度学习算法的关键。目前，市面上有许多成熟的深度学习框架，如 TensorFlow、PyTorch 等，它们为深度学习算法的实现提供了强大的支持。通过学习这些框架和工具的使用，学生可以轻松构建和训练深度学习模型，实现图像识别、自然语言处理等任务。此外，这些框架还提供了丰富的预训练模型和开源数据集，为学生提供了便捷的学习资源和实验平台。

（三）培养解决实际问题的能力与创新精神

深度学习算法与实现的教学不仅仅关注学生的理论知识掌握，更注重培养学生的实践能力和创新精神。通过参与深度学习项目的实践，学生可以运用所学知识解决实际问题，如图像分类、目标检测等。这种实践性的学习方式有助于学生将理论知识与实际应用相结合，提高他们解决问题的能力。同时，深度学习领域的不断创新也为学生提供了广阔的探索空间。学生可以在实践中不断探索新的算法、模型和应用场景，培养自己的创新意识和实践能力。

深度学习算法与实现在 Python 程序设计与应用教学中具有重要意义。通过学习深度学习的基本原理与算法、掌握深度学习框架与工具的使用以及培养解决实际问题的能力与创新精神，学生可以全面提升自己的编程能力和解决实际问题的能力，为未来的职业发展奠定坚实基础。

三、自然语言处理

自然语言处理（NLP）是人工智能领域的一个重要分支，它涉及对自然语言文本的理解、生成和应用。在 Python 程序设计与应用教学中，自然语言处理的重要性日益凸显。

（一）拓宽学生的技术应用领域

随着信息技术的快速发展，自然语言处理技术在各个领域的应用越来越广泛。无论是搜索引擎、智能助手还是社交媒体分析，都离不开 NLP 技术的支持。在 Python 程序设计与应用教学中引入自然语言处理，可以帮助学生拓宽技术应用领域，了解并掌握 NLP 技术的核心原理和应用方法。这将有助于学生在未来的职业发展中更好地适应市场需求，提升竞争力。

（二）提升学生的文本处理能力

自然语言处理涉及对大量文本数据的处理和分析，要求学生掌握文本预处理、分词、词性标注、句法分析等基本技能。在 Python 教学中，通过引导学生学习 NLP 技术，可以帮助学生提升文本处理能力，使他们能够更好地理解和分析文本数据，提取有用信息。这种能力的提升不仅有助于学生在学术研究中取得更好的成果，还能为他们在实际工作中处理文本数据提供有力支持。

（三）培养学生的跨学科思维

自然语言处理是一门跨学科的技术，它涉及语言学、计算机科学、数学等多个领域的知识。在 Python 程序设计与应用教学中引入 NLP 技术，可以帮助学生培养跨学科思维，将不同领域的知识进行融合和创新。通过学习和应用 NLP 技术，学生可以更好地理解语言和文本的复杂性，以及它们与计算机科学的联系。这种跨学科思维的培养有助于提升学生的综合素质和创新能力。

（四）推动 Python 教学的创新与发展

自然语言处理作为人工智能领域的前沿技术，其研究和发展不断推动着相关领域的进步。在 Python 程序设计与应用教学中引入 NLP 技术，可以推动 Python 教学的创新与发展。通过引入新的教学方法和手段，如基于 NLP 技术的项目实践、课程设计等，可以激发学生的学习兴趣和积极性，提升教学质量和效果。同时，NLP 技术的发展也为 Python 教学提供了新的教学资源和素材，有助于丰富教学内容和形式。

自然语言处理在 Python 程序设计与应用教学中具有重要意义。通过拓宽学生的技术应用领域、提升学生的文本处理能力、培养学生的跨学科思维以及推动 Python 教学的创新与发展，可以帮助学生更好地掌握 NLP 技术的核心原理和应用方法，为他们未来的职业发展奠定坚实基础。

四、强化学习与 Python

强化学习是机器学习领域中的一个重要分支，它关注于智能体如何通过与环境进行交互学习，最大化某种累积奖励。在 Python 程序设计与应用教学中，强化学习的重要性日益凸显。

（一）深化对智能决策系统的理解

强化学习为理解智能决策系统提供了一个独特的视角。在 Python 教学中引入强化学习，有助于学生深入理解智能体如何通过不断试错和学习来优化其行为策略。这种学习方式不仅有助于提升学生的逻辑思维能力，还能帮助他们更好地理解现实世界中的复杂决策问题。通过强化学习，学生可以掌握设计智能决策系统的基本原理和方法，为未来的职业发展或学术研究打下坚实的基础。

（二）培养解决实际问题的能力

强化学习在解决实际问题中具有广泛的应用，如机器人控制、自动驾驶、游戏 AI 等。在 Python 程序设计与应用教学中，通过引入强化学习的原理和方法，可以帮助学生培养解决实际问题的能力。学生可以通过模拟实验或项目实践，运用强化学习算法解决具体的决策问题，如路径规划、任务调度等。这种实践性的学习方式有助于提升学生的动手能力和创新思维，使他们能够更好地适应未来工作的挑战。

（三）推动 Python 教学的创新与发展

强化学习作为机器学习领域的前沿技术，其研究和发展不断推动着相关领域的进步。在 Python 程序设计与应用教学中引入强化学习，可以推动 Python 教学的创新与发展。教师可以结合强化学习的最新研究成果，设计富有挑战性的教学项目和实验，激发学生的学习兴趣和求知欲。同时，强化学习的发展也为 Python 教学提供了新的教学资源和素材，有助于丰富教学内容和形式。

此外，强化学习与 Python 的结合也为学生提供了更多的学习机会。Python 作为一种易于上手且功能强大的编程语言，为强化学习的实现提供了便捷的工具。学生可以通过编写 Python 程序来实现强化学习算法，从而更深入地了解算法的原理和运行机制。这种学习方式不仅有助于提升学生的编程能力，还能使他们更好地掌握强化学习的核心技术。

强化学习与 Python 在程序设计与应用教学中具有重要意义。通过深化对智能决策系统的理解、培养解决实际问题的能力以及推动 Python 教学的创新与发展，可以帮助学生更好地掌握强化学习的核心技术，为未来的职业发展或学术研究奠定坚实的基础。

第二节　大数据处理与分析

一、Python 数据处理库

Python 作为一种功能强大的编程语言，其在数据处理领域的表现尤为突出。众多高效、便捷的数据处理库为 Python 在数据处理方面提供了强大的支持。在 Python 程序设计与应用教学中，数据处理库的学习和应用具有重要意义。

（一）提升数据处理效率

Python 数据处理库如 Pandas、NumPy 等，提供了丰富的数据处理功能，如数据清洗、转换、聚合等。通过学习和应用这些库，学生可以掌握高效的数据处理方法，提高数据处理效率。在实际项目中，这有助于学生快速完成数据处理任务，为后续的数据分析和挖掘奠定坚实的基础。

（二）培养数据处理思维

数据处理不仅仅是技术层面的操作，更是一种思维方式。Python 数据处理库的学习过程，实际上也是培养学生数据处理思维的过程。通过学习如何清洗数据、处理缺失值、转换数据类型等，学生可以逐渐建立起一套完整的数据处理思维体系，这对于他们未来的职业发展具有重要意义。

（三）拓宽应用领域

Python 数据处理库的应用范围非常广泛，几乎涵盖了所有需要处理数据的领域。无论是金融、医疗、教育还是电商等行业，都需要对数据进行处理和分析。因此，学习和掌握 Python 数据处理库，有助于学生拓宽应用领域，增加就业机会。同时，这也为学生未来的创业提供了更多的可能性。

（四）推动 Python 教学的创新与发展

随着数据处理技术的不断发展，Python 数据处理库也在不断更新和完善。在 Python 程序设计与应用教学中引入最新的数据处理库和技术，可以推动 Python 教学的创新与发展。教师可以结合最新的数据处理库和技术，设计更具挑战性和实用性的教学项目和实验，激发学生的学习兴趣和积极性。同时，这也有助于提升 Python 教学的质量和水平，从而培养出更多具有创新精神和实践能力的人才。

Python 数据处理库在程序设计与应用教学中具有重要意义。通过学习和应用这些库，学生可以提升数据处理效率、培养数据处理思维、拓宽应用领域，并推动 Python 教学的创新与发展。因此，在 Python 程序设计与应用教学中，应充分重视数据处理库的学习和应用。

二、数据可视化

数据可视化是将数据以图形、图像等形式展示出来的过程，它能够帮助人们更直观、更深入地理解数据背后的信息。数据可视化在 Python 程序设计与应用教学中是不可或缺的一部分。

（一）提升数据理解的直观性

数据可视化能够将复杂的数据集转化为直观的图表，使数据的分布、趋势和关系一目了然。通过数据可视化，学生可以更直观地了解数据的特征和规律，从而更深入地挖掘数据背后的信息。这种直观性不仅有助于提升学生的数据感知能力，还能激发他们对数据分析和处理的兴趣。

（二）培养学生的数据分析思维

数据可视化不仅仅是将数据转化为图表的过程，更是一种数据分析思维的培养过程。在 Python 程序设计与应用教学中，通过引导学生学习和实践数据可视化技术，可以培养他们的数据分析思维。学生需要思考如何选择合适的可视化方式、如何设计有效的图表来展示数据、如何从图表中提取有用的信息等。这种思维过程有助于学生形成系统化的数据分析方法，提升他们的数据分析和解决问题的能力。

（三）促进 Python 教学的多元化发展

数据可视化是 Python 应用的一个重要领域，它与其他领域如数据分析、机器学习等有着紧密的联系。在 Python 程序设计与应用教学中引入数据可视化，可以促进 Python 教学的多元化发展。通过结合数据可视化技术，教师可以设计更丰富、更有趣的教学项目和实验，如基于 Python 的数据可视化竞赛、实践项目等。这些项目不仅可以提升学生的实践能力，还能帮助他们更好地理解和应用 Python 语言。

此外，数据可视化也是当前数据科学领域的一个热门话题，掌握数据可视化技术有助于学生更好地适应市场需求，提升他们的就业竞争力。在 Python 程序设计与应用教学中，通过学习和实践数据可视化技术，学生可以掌握一种有效的数据展示和分析工具，为未来的职业发展打下坚实的基础。

数据可视化在 Python 程序设计与应用教学中具有重要意义。它不仅能够提升数据理解的直观性、培养学生的数据分析思维，还能促进 Python 教学的多元化发展。因此，在 Python 程序设计与应用教学中，应充分重视数据可视化的学习和实践，为学生未来的职业发展提供有力的支持。

三、大数据框架与 Python 集成

随着大数据时代的来临，大数据框架与 Python 的集成变得越发重要。在 Python 程序设计与应用教学中，引入大数据框架与 Python 的集成内容，不仅有助于提升学生的数据处理能力，还能为他们未来的职业发展提供广阔的空间。

（一）拓宽数据处理能力边界

大数据框架如 Hadoop、Spark 等，能够处理海量数据，提供高效的数据处理和分析能力。Python 作为一种通用的编程语言，通过集成这些大数据框架，可以进一步拓宽其数据处理能力的边界。在程序设计与应用教学中，引入大数据框架与 Python 的集成内容，可以让学生学习到如何处理和分析大规模数据集，提升他们的数据处理技能。

（二）培养分布式计算思维

大数据框架通常基于分布式计算原理，能够将计算任务分解到多个节点上进行并行处理。这种分布式计算思维对于解决大规模数据处理问题具有重要意义。在 Python 程序设计与应用教学中，通过引入大数据框架与 Python 的集成内容，可以帮助学生培养分布式计算思维，使他们能够更好地理解和应用分布式计算技术，解决复杂的数据处理问题。

（三）适应市场需求，提升竞争力

在当前信息化社会，大数据已经成为各行各业的重要资源。掌握大数据处理和分析技能的人才在市场上具有较高的竞争力。通过学习和掌握大数据框架与 Python 的集成技术，学生可以更好地适应市场需求，提升自己在就业市场上的竞争力。同时，这也为他们未来的职业发展提供了更多的机会和可能性。

（四）推动 Python 教学的创新与发展

大数据框架与 Python 的集成是信息技术领域的一个前沿研究方向。在 Python 程序设计与应用教学中引入这一内容，可以推动 Python 教学的创新与发展。教师可以结合最新的大数据框架和 Python 技术，设计富有挑战性和实用性的教学项目和实验，以激发学生的学习兴趣和求知欲。同时，这也有助于提升 Python 教学的质量和水平，培养出更多具有创新精神和实践能力的人才。

大数据框架与 Python 集成在程序设计与应用教学中具有重要意义。通过拓宽数据处理能力边界、培养分布式计算思维、适应市场需求以及推动 Python 教学的创新与发展，可以帮助学生更好地掌握大数据处理和分析技能，为他们未来的职业发展奠定坚实的基础。

四、实时数据处理与分析

实时数据处理与分析，即在数据产生的同时或近乎实时的情况下进行处理与分析，已成为现代数据处理领域的热点。在 Python 程序设计与应用教学中，强调实时数据处理与分析的重要性，不仅有助于提升学生的数据处理技能，还能使他们更好地适应市场需求，为未来的职业发展打下坚实的基础。

（一）适应快速变化的数据环境

随着数字化时代的来临，数据产生的速度日益加快，实时数据处理与分析成为应对这一挑战的关键。在 Python 程序设计与应用教学中，引入实时数据处理与分析的内容，可以帮助学生掌握如何在快速变化的数据环境中进行高效处理和分析，提升他们应对复杂数据场景的能力。

（二）提升决策效率与准确性

实时数据处理与分析能够帮助企业或个人在第一时间获取数据洞察，从而做出更快速、更准确的决策。在 Python 程序设计与应用教学中，通过学习和实践实时数据处理与分析技术，学生可以掌握如何快速提取和分析数据中的关键信息，为决策提供有力支持。

（三）培养敏锐的数据感知能力

实时数据处理与分析要求学生具备敏锐的数据感知能力，能够及时发现数据中的异常和趋势。在 Python 程序设计与应用教学中，注重培养学生的数据感知能力，有助于他们更好地理解和应用实时数据处理与分析技术，提升数据处理和分析的精准度。

（四）推动技术创新与应用发展

实时数据处理与分析是信息技术领域的前沿研究方向，其技术与应用不断发展。在 Python 程序设计与应用教学中引入实时数据处理与分析的内容，可以推动技术创新与应用发展，为学生提供更多的学习机会和挑战。同时，这也有助于培养学生的创新精神和实践能力，为未来的技术创新和应用发展贡献力量。

（五）提升市场竞争力与就业前景

掌握实时数据处理与分析技能的人才在市场上具有较高的竞争力。在 Python 程序设计与应用教学中，注重实时数据处理与分析的教学，可以帮助学生提升市场竞争力，为未来的就业和职业发展创造更多机会。同时，这也符合当前社会对数据处理和分析人才的需求趋势，能够为学生的就业奠定基础。

实时数据处理与分析在 Python 程序设计与应用教学中具有重要意义。通过适应快速变化的数据环境、提升决策效率与准确性、培养敏锐的数据感知能力、推动技术创新与应用发展以及提升市场竞争力与就业前景等方面的努力，我们可以更好地培养出具备实时数据处理与分析能力的优秀人才。

第三节　云计算与物联网应用

一、云计算平台与 Python

在数字化时代，数据隐私与安全性已成为不可忽视的重要议题。Python 作为一种广泛应用的编程语言，在数据处理和分析领域具有广泛的应用。因此，在 Python 程序设计与应用教学中，强调数据隐私与安全性的重要性，不仅是培养学生综合素质的必要环节，也是适应社会发展需求的必然趋势。

（一）培养学生的安全意识

数据隐私与安全性教学的首要任务是培养学生的安全意识。在 Python 程序设计与应用过程中，学生需要处理和分析大量数据，这些数据可能涉及个人隐私和敏感信息。

因此，教师需要引导学生充分认识到数据隐私和安全的重要性，了解数据安全的基本原则和最佳实践，从而在编程实践中自觉遵守安全规范，避免数据泄露和滥用。

（二）提升数据处理的安全性

Python 在数据处理方面的高效性和灵活性使其成为众多开发者的首选工具。然而，这也意味着在处理敏感数据时，必须格外关注数据的安全性。在 Python 程序设计与应用教学中，教师应教授学生在处理数据时如何采取必要的加密措施、访问控制和数据脱敏等技术手段，以确保数据的安全性和完整性。

（三）适应法律法规要求

随着数据保护法律法规的不断完善，对数据隐私和安全性的要求也越来越高。在 Python 程序设计与应用教学中，强调数据隐私与安全性，有助于使学生了解并遵守相关法律法规，避免因违反法规而带来的法律风险。同时，这也有助于提升学生的法律素养，为他们未来的职业发展奠定坚实的基础。

（四）推动 Python 应用的安全发展

Python 在各个领域的应用日益广泛，其安全性问题也日益凸显。在 Python 程序设计与应用教学中注重数据隐私与安全性，可以推动 Python 应用的安全发展。通过教授学生如何识别和解决安全漏洞、如何构建安全的 Python 应用等技能，可以培养出更多具备安全意识的 Python 开发者，为 Python 应用的健康发展贡献力量。

数据隐私与安全性在 Python 程序设计与应用教学中具有举足轻重的地位。通过培养学生的安全意识、提升数据处理的安全性、适应法律法规要求以及推动 Python 应用的安全发展等方面的努力，我们可以为 Python 编程领域培养出更多具备安全意识和技能的专业人才。

二、Python 在物联网中的角色

物联网（IoT）作为当今科技发展的前沿领域，正日益改变着人们的生活方式和工作模式。Python 作为一种功能强大且易于学习的编程语言，在物联网领域扮演着重要的角色。在 Python 程序设计与应用教学中，深入探讨 Python 在物联网中的应用，有助于学生更好地理解和把握物联网技术的发展趋势，为未来的职业发展打下坚实的基础。

（一）Python 在物联网数据处理与分析中的优势

物联网的核心在于数据的收集、传输和处理。Python 凭借其强大的数据处理和分析能力，成为物联网数据处理与分析的理想工具。在 Python 程序设计与应用教学中，

我们可以引导学生学习如何利用 Python 进行数据的清洗、整合和可视化，从而挖掘出隐藏在海量数据中的有价值信息。此外，Python 还支持各种机器学习算法，使得物联网数据的智能分析成为可能。

（二）Python 在物联网设备控制与管理中的应用

物联网设备种类繁多，如何实现设备的有效控制与管理是一个重要的问题。Python 的跨平台特性和丰富的库函数使得它在物联网设备控制与管理方面具有得天独厚的优势。通过 Python，我们可以实现对物联网设备的远程监控、控制和维护，提高设备的运行效率和稳定性。在 Python 程序设计与应用教学中，我们可以教授学生如何设计基于 Python 的物联网设备控制与管理系统，培养学生的实践能力和创新思维。

（三）Python 在物联网安全与隐私保护中的作用

随着物联网设备的普及，物联网安全与隐私保护问题日益凸显。Python 作为一种强大的编程语言，可以为物联网安全提供有力的支持。在 Python 程序设计与应用教学中，我们可以引导学生学习如何利用 Python 进行物联网安全漏洞的检测与防范，从而提高物联网系统的安全性。同时，我们还可以教授学生如何利用 Python 进行数据加密和隐私保护，保护用户的个人信息安全。

Python 在物联网中扮演着举足轻重的角色。在 Python 程序设计与应用教学中，我们应该注重培养学生的物联网意识和应用能力，使他们能够充分发挥 Python 在物联网领域的优势，为未来的职业发展打下坚实的基础。通过深入探讨 Python 在物联网数据处理与分析、设备控制与管理以及安全与隐私保护等方面的应用，我们可以帮助学生更好地了解和把握物联网技术的发展趋势，为培养具备创新精神和实践能力的物联网人才做出积极的贡献。

三、边缘计算与 Python

边缘计算作为当今信息技术领域的一个热点，其重要性正日益凸显。Python 作为一种广泛应用的编程语言，其与边缘计算的结合为程序设计与应用教学带来了新的机遇和挑战。

（一）理解边缘计算的基本概念与优势

边缘计算是一种将计算任务和数据存储从中心化的数据中心推向网络边缘的技术。通过在设备或终端进行数据处理和分析，边缘计算能够显著降低延迟、提高响应速度，并减轻数据中心的负载。在 Python 程序设计与应用教学中，我们首先需要引导学生理解边缘计算的基本概念、原理及其所带来的优势，为后续的学习奠定坚实的基础。

（二）掌握 Python 在边缘计算中的应用场景

Python 作为一种功能强大且易于学习的编程语言，在边缘计算领域有着广泛的应用。它可以用于编写边缘设备上的数据处理和分析程序，实现实时数据处理、事件响应等功能。此外，Python 还可以与边缘计算框架和平台相结合，实现更高级的功能和性能优化。在程序设计与应用教学中，我们应该向学生介绍 Python 在边缘计算中的典型应用场景，帮助他们了解 Python 在边缘计算中的实际作用和价值。

（三）学习边缘计算中的 Python 编程技能

在掌握了边缘计算的基本概念和应用场景后，学生需要学习如何在边缘计算环境中使用 Python 进行编程。这包括了解边缘计算平台的架构和接口、掌握 Python 在边缘设备上的部署和调试技巧、学习如何优化 Python 程序以适应边缘计算的特殊要求等。通过实践项目和实验，学生可以逐渐提升自己在边缘计算中的 Python 编程技能，为未来的职业发展做好准备。

（四）培养学生在边缘计算领域的创新能力

边缘计算与 Python 的结合为学生提供了广阔的创新空间。在程序设计与应用教学中，我们应该鼓励学生发挥自己的想象力和创造力，探索新的应用场景和解决方案。通过组织创新实践活动、开展项目合作等方式，培养学生的创新能力和团队协作精神，为他们在边缘计算领域取得更大的成就打下基础。

边缘计算与 Python 的融合给程序设计与应用教学带来了新的机遇和挑战。通过引导学生理解边缘计算的基本概念与优势、掌握 Python 在边缘计算中的应用场景、学习边缘计算中的 Python 编程技能以及培养他们在边缘计算领域的创新能力，我们可以为学生打开一扇通往未来技术世界的大门。

四、物联网安全与 Python

在物联网迅速发展的今天，安全性问题日益凸显。Python 作为一种广泛应用的编程语言，在物联网安全领域扮演着重要角色。在 Python 程序设计与应用教学中，深入探讨物联网安全与 Python 的关联，对于培养学生的安全意识和技能至关重要。

（一）Python 在物联网安全检测与防护中的应用

物联网设备的安全检测与防护是确保整个系统稳定运行的关键。Python 通过其强大的数据处理和分析能力，可以帮助我们有效识别和防范物联网设备中的潜在安全威胁。在程序设计与应用教学中，我们可以引导学生学习利用 Python 进行物联网设备的安全扫描、漏洞检测及入侵防御等技能。通过模拟实际的安全场景，让学生实践如何运用 Python 构建安全检测与防护系统，从而加深其对物联网安全机制的理解。

（二）Python 在数据加密与隐私保护中的作用

数据加密与隐私保护是物联网安全的两大核心要素。Python 提供了丰富的加密库和算法，可以帮助我们实现数据的安全传输和存储。在 Python 程序设计与应用教学中，我们可以教授学生如何使用 Python 进行数据的加密解密操作，了解不同加密算法的原理和特点。同时，我们还可以引导学生探讨如何在保护用户隐私的前提下，进行数据的收集和分析，从而培养学生的隐私保护意识。

（三）Python 在物联网安全管理与策略制定中的实践

物联网安全管理与策略制定是确保系统长期稳定运行的重要保障。Python 可以帮助我们实现安全策略的自动化配置和管理，提高安全管理的效率和准确性。在 Python 程序设计与应用教学中，我们可以引导学生学习如何利用 Python 构建安全管理系统，实现对物联网设备的远程监控和配置。同时，我们还可以教授学生如何制定和实施有效的安全策略，包括访问控制、安全审计、应急响应等方面的内容。通过实践项目，让学生亲身体验安全管理与策略制定的过程，加深其对物联网安全管理的理解。

Python 在物联网安全领域具有广泛的应用前景。在 Python 程序设计与应用教学中，通过深入探讨物联网安全与 Python 的关联，我们可以帮助学生掌握物联网安全检测与防护、数据加密与隐私保护以及安全管理与策略制定等方面的技能。这不仅有助于提升学生的综合素质和竞争力，还为他们在未来物联网安全领域的发展奠定了坚实的基础。

五、智能家居与 Python

智能家居作为现代科技的杰出代表，正在逐步改变人们的生活方式。Python 作为一种功能强大且易于学习的编程语言，在智能家居领域具有广泛的应用前景。在 Python 程序设计与应用教学中，引入智能家居的相关内容，不仅可以丰富教学内容，还可以帮助学生更好地理解并掌握 Python 的实际应用。

（一）智能家居概述与 Python 的应用潜力

智能家居是通过先进的物联网技术，将家庭中的各种设备连接在一起，实现智能化控制和管理。Python 作为一种通用的编程语言，具有强大的数据处理、网络通信和界面开发能力，非常适合用于智能家居系统的开发和设计。在 Python 程序设计与应用教学中，我们可以首先向学生介绍智能家居的基本概念、发展历程以及 Python 在智能家居领域的应用潜力，以激发他们的学习兴趣和热情。

（二）Python 在智能家居设备控制中的角色

智能家居设备的控制是智能家居系统的核心功能之一。Python 可以通过编写程序来控制智能家居设备的开关、调节设备的参数以及实现设备的联动等。在 Python 程序设计与应用教学中，我们可以教授学生如何使用 Python 编写控制程序，实现对智能家居设备的远程控制和管理。同时，我们还可以引导学生探索如何优化控制程序，提高设备的响应速度和稳定性。

（三）Python 在智能家居数据处理与分析中的应用

智能家居系统会产生大量的数据，包括设备的运行状态、用户的使用习惯等。这些数据对于优化智能家居系统的性能和提升用户体验具有重要意义。Python 具有强大的数据处理和分析能力，可以帮助我们挖掘这些数据中的有价值的信息。在 Python 程序设计与应用教学中，我们可以教授学生如何使用 Python 进行数据的收集、清洗、分析和可视化，从而发现隐藏在数据中的规律和趋势，为智能家居系统的优化提供有力支持。

（四）智能家居安全与 Python 的协同作用

智能家居系统的安全性是用户关注的重点之一。Python 可以通过编写安全程序来保障智能家居系统的安全。在 Python 程序设计与应用教学中，我们可以向学生介绍智能家居系统面临的安全威胁和防范措施，教授他们如何使用 Python 编写安全程序，包括数据加密、访问控制、入侵检测等方面的内容。通过实践项目，让学生深刻理解智能家居安全与 Python 的协同作用，提高他们的安全意识和技能。

智能家居与 Python 的结合给程序设计与应用教学提供了新的思路和方法。通过引入智能家居的相关内容，我们可以帮助学生更好地理解并掌握 Python 的实际应用，培养他们的实践能力和创新精神。同时，智能家居领域的发展也给 Python 程序设计与应用提供了广阔的应用空间和发展前景。

第四节　区块链技术与 Python

一、区块链原理与 Python 实现

在当今信息化社会，区块链技术以其去中心化、安全性高、透明可追溯等特性，逐渐引起了广泛关注。Python 作为一种功能强大且易于学习的编程语言，非常适合用

于区块链技术的探索与实践。在 Python 程序设计与应用教学中，引入区块链原理与 Python 实现的内容，有助于拓宽学生的视野，提升他们的技术应用能力。

（一）区块链原理的深入理解

区块链技术的核心原理包括去中心化、分布式账本、加密技术、共识机制等。在 Python 程序设计与应用教学中，我们首先需要引导学生深入理解这些原理。去中心化意味着区块链不依赖于任何中央机构或权威来维护和管理，而是通过节点之间的协作来实现数据的更新和验证；分布式账本则保证了数据的完整性和一致性，使每个节点都保存着完整的账本副本，任何数据的更改都需要经过多数节点的验证和确认；加密技术则确保了数据传输和存储的安全性，只有拥有相应密钥的节点才能访问和修改数据；共识机制则是区块链中各节点达成一致的规则和方法，它确保了数据更新的一致性和正确性。

（二）Python 在区块链技术中的应用

Python 作为一种灵活且强大的编程语言，在区块链技术的实现中发挥着重要作用。Python 具有丰富的库和框架，可以方便地构建区块链系统。例如，我们可以使用 Python 来实现区块链的基本数据结构——区块和链式结构。通过 Python 的面向对象编程特性，我们可以定义区块类，包含区块头、区块体等属性，以及添加区块、验证区块等方法。同时，Python 还可以用于实现区块链的共识算法，如工作量证明（PoW）、权益证明（PoS）等，确保各节点之间的一致性和安全性。

（三）区块链技术在实际应用中的探索

除了理解区块链原理和 Python 实现外，我们还需要引导学生探索区块链技术在实际应用中的可能性和挑战。区块链技术可以应用于金融、供应链、物联网等众多领域，实现数据共享、交易验证、身份认证等功能。例如，在金融领域，区块链可以用于构建去中心化的数字货币系统，降低交易成本，提高交易速度；在供应链领域，区块链可以实现供应链的透明化和可追溯性，提高产品质量和安全性。同时，我们也需要关注区块链技术面临的挑战，如性能瓶颈、隐私保护等问题，并思考如何通过技术创新来解决这些问题。

区块链原理与 Python 实现是程序设计与应用教学中值得探索的内容。通过深入理解区块链原理、掌握 Python 在区块链技术中的应用以及探索区块链技术的实际应用场景和挑战，我们可以帮助学生更好地掌握区块链技术的核心知识和应用技能，为他们未来的职业发展打下坚实的基础。

二、加密货币与 Python

随着数字化时代的推进，加密货币作为一种新兴的数字资产形式，正逐渐改变着我们的经济生活。Python 作为一种功能强大且易于学习的编程语言，在加密货币领域同样发挥着重要作用。在 Python 程序设计与应用教学中，融入加密货币的相关内容，不仅可以丰富教学内容，还能够帮助学生更好地理解并掌握这一领域的核心知识。

（一）加密货币基础知识的普及

在 Python 程序设计与应用教学中，我们首先需要普及加密货币的基础知识。这包括加密货币的定义、特点、发展历程以及它与传统货币的区别等。通过这些内容的介绍，学生可以初步了解加密货币的基本概念，为后续的学习奠定基础。

（二）Python 在加密货币交易中的应用

Python 在加密货币交易领域具有广泛的应用。我们可以向学生介绍如何使用 Python 进行加密货币的价格监控、交易策略的实现以及自动化交易等。这些应用不仅可以帮助学生更好地理解加密货币的交易机制，还能够培养他们的实际应用能力。

（三）加密货币的安全性与 Python 的作用

加密货币的安全性是其得以广泛应用的重要保障。Python 在加密货币的安全性保障方面发挥着重要作用。我们可以引导学生了解如何使用 Python 进行加密货币钱包的设计与开发、交易数据的加密保护以及安全审计等。通过这些内容的学习，学生可以增强对加密货币安全性的认识，提高他们在实际应用中的安全意识。

（四）加密货币挖矿与 Python 的关联

挖矿是加密货币产生的重要方式之一。Python 在挖矿过程中同样发挥着重要作用。我们可以向学生介绍挖矿的基本原理、Python 在挖矿过程中的应用以及挖矿对计算机资源的影响等。这些内容的学习可以帮助学生更好地理解挖矿的技术原理，同时提醒他们在实际应用中注意资源的合理利用。

（五）加密货币的未来发展与 Python 的机遇

加密货币作为一种新兴的数字资产形式，其未来发展充满了无限可能。Python 作为一种功能强大的编程语言，在加密货币领域同样具有广阔的发展前景。我们可以引导学生关注加密货币的最新动态、技术发展趋势以及 Python 在其中的应用前景。通过这些内容的学习，学生可以激发对加密货币领域的兴趣，为未来的职业发展做好准备。

加密货币与 Python 的结合为程序设计与应用教学提供了新的内容和思路。通过普及加密货币的基础知识、介绍 Python 在加密货币交易中的应用、探讨加密货币的安全性与 Python 的作用、了解加密货币挖矿与 Python 的关联以及关注加密货币的未来发展与 Python 的机遇，我们可以帮助学生更好地掌握这一领域的核心知识，培养他们的实际应用能力，从而为其未来的职业发展打下坚实的基础。

三、去中心化应用（DApps）与 Python

随着区块链技术的不断发展，去中心化应用（DApps）作为区块链技术的重要应用之一，正逐渐改变着传统应用的构建和运行方式。Python 作为一种功能强大且易于学习的编程语言，在去中心化应用的开发过程中发挥着重要作用。在 Python 程序设计与应用教学中，引入去中心化应用的相关内容，有助于学生更好地理解并掌握这一新兴领域的知识和技能。

（一）去中心化应用的基本概念与原理

在 Python 程序设计与应用教学中，我们首先需要向学生介绍去中心化应用的基本概念与原理。去中心化应用是运行在区块链网络上的应用程序，它们不依赖于任何中心化的服务器或机构，而是通过区块链网络中的节点进行数据的存储、传输和处理。这种去中心化的特性使得 DApps 具有更高的安全性、透明度和可扩展性。通过深入理解这些原理，学生可以建立对去中心化应用的初步认识。

（二）Python 在去中心化应用开发中的应用

Python 作为一种灵活且强大的编程语言，在去中心化应用的开发中扮演着重要角色。我们可以向学生介绍如何使用 Python 进行智能合约的编写、DApps 的前端开发以及与区块链网络的交互等。智能合约是去中心化应用的核心组成部分，它们定义了 DApps 的功能和规则。通过 Python 编写智能合约，可以实现复杂的业务逻辑和数据操作。同时，Python 还可以用于构建 DApps 的前端界面，提供用户友好的交互体验。此外，Python 还可以与区块链网络进行交互，实现数据的传输和验证等功能。

（三）去中心化应用的挑战与机遇

尽管去中心化应用具有诸多优势，但在实际开发过程中也面临着一些挑战。例如，性能问题、隐私保护、用户体验等都是去中心化应用需要面对的问题。同时，随着区块链技术的不断发展和成熟，去中心化应用也面临着巨大的机遇。我们可以引导学生思考如何通过技术创新来解决这些挑战，并探讨去中心化应用在未来可能的发展方向和应用场景。

（四）去中心化应用的实际应用与未来趋势

去中心化应用已经在金融、游戏、社交等领域得到了广泛应用。通过这些实际应用案例，学生可以更好地理解去中心化应用的价值和意义。同时，我们还需要关注去中心化应用的未来趋势和发展方向。随着区块链技术的不断进步和应用场景的不断拓展，去中心化应用将会在未来发挥更加重要的作用。

去中心化应用与 Python 的结合为程序设计与应用教学提供了新的内容和思路。通过深入理解去中心化应用的基本概念与原理、掌握 Python 在去中心化应用开发中的应用、思考去中心化应用的挑战与机遇以及关注其实际应用与未来趋势，我们可以帮助学生更好地掌握这一领域的核心知识和技能，为他们未来的职业发展奠定坚实的基础。

四、区块链安全与隐私保护

区块链技术以其独特的去中心化、透明性和安全性受到了广泛关注，然而，随着技术的广泛应用，安全与隐私保护问题也日益凸显。在 Python 程序设计与应用教学中，深入探讨区块链安全与隐私保护的内容，不仅有助于增强学生的安全意识，还能提升他们在实际项目中的安全防护能力。

（一）区块链安全基础与攻击手段

在区块链安全与隐私保护的教学中，我们首先需要普及区块链安全的基础知识，包括区块链的安全特性、常见的攻击手段以及安全防护措施等。通过向学生介绍区块链的安全原理，如哈希算法、共识机制等，可以帮助他们理解区块链为何具有高度的安全性。同时，我们还需要分析常见的区块链攻击手段，如双花攻击、51% 攻击等，让学生了解这些攻击方式的原理和影响，从而增强他们的安全防范意识。

（二）Python 在区块链安全检测与防护中的应用

Python 作为一种功能强大的编程语言，在区块链安全检测与防护中发挥着重要作用。我们可以引导学生了解如何使用 Python 进行区块链的安全审计、漏洞扫描以及安全防护策略的实现等。通过 Python 编写安全检测工具，可以实现对区块链网络的实时监控和异常检测，及时发现潜在的安全隐患。同时，Python 还可以用于构建安全防护系统，通过采取一系列安全措施，如加密技术、访问控制等，提高区块链网络的安全防护能力。

（三）隐私保护技术在区块链中的应用与 Python 实现

隐私保护是区块链技术中的重要一环，如何在保证数据安全的前提下实现信息的共享和验证是区块链技术面临的重要挑战。Python 在隐私保护技术的实现中同样发挥着关键作用。我们可以向学生介绍常见的隐私保护技术，如零知识证明、同态加密等，并探讨这些技术在区块链中的应用场景。通过 Python 编程实现这些隐私保护技术，可以帮助学生深入理解其原理和实现方式，同时提高他们的实际应用能力。

此外，我们还需要关注区块链安全与隐私保护的最新研究成果和发展趋势，引导学生了解并掌握最新的安全防护技术和方法。通过不断更新教学内容和方式，可以确保学生在 Python 程序设计与应用教学中获得最新的知识和技能，为其未来的职业发展奠定坚实的基础。

区块链安全与隐私保护是 Python 程序设计与应用教学中不可或缺的一部分。通过深入探讨区块链安全基础与攻击手段、Python 在区块链安全检测与防护中的应用以及隐私保护技术在区块链中的应用与 Python 实现等内容，我们可以帮助学生建立起对区块链安全与隐私保护的全面认识，提高他们的安全防护能力，为未来的区块链技术应用提供有力保障。

五、区块链技术的未来趋势

区块链技术以其独特的优势，正在逐步改变着我们的社会和经济结构。随着技术的不断进步和应用场景的拓展，区块链技术的未来趋势也日益清晰。在 Python 程序设计与应用教学中，从新的视角探讨区块链技术的未来趋势，不仅有助于激发学生的学习兴趣，还能为他们的职业发展提供新的思路。

（一）跨链技术与互操作性

跨链技术是区块链未来发展的一个重要方向。目前，不同的区块链网络之间存在隔离，无法实现数据的互通和价值的流转。跨链技术旨在打破这一壁垒，实现不同区块链网络之间的互操作性。在 Python 程序设计与应用教学中，我们可以引导学生关注跨链技术的发展动态，探讨如何使用 Python 实现跨链通信、价值转移等功能，从而为学生打开一扇通往更广阔区块链世界的大门。

（二）区块链与人工智能的融合

人工智能和区块链是两大前沿技术，它们的融合将产生巨大的创新空间。人工智能可以通过数据分析和模型训练，为区块链网络提供智能合约的自动化执行、风险管理等功能；而区块链则可以为人工智能提供可靠的数据来源和信任机制。在 Python 程序设计与应用教学中，我们可以引导学生思考如何将 Python 在人工智能领域的优势与区块链技术相结合，从而开发出具有创新性的应用。

（三）区块链在物联网领域的应用

物联网作为连接物理世界和数字世界的桥梁，具有广阔的应用前景。区块链技术可以为物联网提供安全、可靠的数据传输和存储机制，实现设备之间的信任通信和协作。在 Python 程序设计与应用教学中，我们可以引导学生关注物联网与区块链的结合点，探讨如何使用 Python 实现物联网设备的智能管理、数据安全保护等功能，从而为学生打开物联网与区块链融合的新天地。

（四）区块链技术的监管与合规

随着区块链技术的广泛应用，其监管与合规问题也日益凸显。如何在保障技术创新的同时，确保区块链应用的合法性和安全性，是未来区块链发展必须面对的挑战。在 Python 程序设计与应用教学中，我们可以引导学生关注区块链监管政策的变化，探讨如何在遵守法律法规的前提下，利用 Python 实现区块链应用的合规性设计和风险控制，从而为学生未来的职业发展提供有力的支持。

区块链技术的未来趋势为 Python 程序设计与应用教学提供了新的视角和思路。通过关注跨链技术与互操作性、区块链与人工智能的融合、区块链在物联网领域的应用以及区块链技术的监管与合规等方面的发展，我们可以帮助学生更好地把握区块链技术的未来发展方向，为他们的职业发展奠定坚实的基础。

参考文献

[1] 白晓东 . 基于 Python 的时间序列分析 [M]. 北京：清华大学出版社，2023.

[2] 刘麟 . Python 数据分析入门与实战 [M]. 北京：人民邮电出版社，2023.

[3] 马国俊 . Python 网络爬虫与数据分析从入门到实践 [M]. 北京：清华大学出版社，2023.

[4] 莫振杰 . 从 0 到 1：Python 即学即用计算机通识精品课 [M]. 北京：人民邮电出版社，2023.

[5] 冷雨泉，高庆，闫丹琪 . 机器学习入门与实战：Python 实践应用 [M]. 北京：清华大学出版社，2023.

[6] 任路顺 . PyQt 编程快速上手：Python GUI 开发从入门到实践 [M]. 北京：人民邮电出版社，2023.

[7] 姜金贵，宋艳，潘霞，等 . 管理建模与仿真：基于 Python 语言 [M]. 北京：科学出版社，2023.

[8] 郎宏林，丁盈 . Python 办公好轻松：简单代码搞定自动化办公 [M]. 北京：人民邮电出版社，2023.

[9] 陈革 . 易学易读且功能强大的 Python 语言 [J]. 程序员，2001(1)：56-60.

[10] 何炯 . 将 Python 嵌入到 C/C++ 应用程序中的编程方法 [J]. 武汉市经济管理干部学院学报，2002(C1)：177-178.

[11] 肖文鹏，张丽芬 . 基于 Python 和 CORBA 的分布式程序设计 [J]. 北京理工大学学报，2003(2)：215-218.

[12] 胡守超 . 基于Python语言的音频捕获及频谱分析程序设计 [J]. 电脑与信息技术，2009，17(1)：28-30，78.

[13] 姚竞 . 面向项目的"Python 程序设计"教学实践与研究 [J]. 福建电脑，2009，25(7)：198-199.

[14] 曾经，王志章，吉伟平，等 . 测井资料标准化 PYTHON 语言程序设计及应用 [J]. 石油工业计算机应用，2013(4)：25-28.

[15] 狄博，王晓丹 . 基于 Python 语言的面向对象程序设计课程教学 [J]. 计算机工程与科学，2014，36(A1)：122-125.

[16] 李俊丽 . 基于 Linux 的 python 多线程爬虫程序设计 [J]. 计算机与数字工程，2015，43(5)：861-863，876.

[17]Kent D. Lee，李亚宁 . 采用程序设计语言 Python 语言编程的数据结构与算法 [J]. 国外科技新书评介，2015(6)：23.

[18] 黄宏博 . 以 Python 语言作为高校程序设计课程主语言的探讨 [J]. 亚太教育，2015(26)：283.

[19] 贾志先 .Python 程序设计考试系统的开发与应用 [J]. 自动化技术与应用，2016，35(2)：53-56.

[20] 嵩天，黄天羽，礼欣 .Python 语言：程序设计课程教学改革的理想选择 [J]. 中国大学教学，2016(2)：42-47.

[21] 陈琳，李容 . 基于动态 Web 的 Python 多线程空气质量数据程序设计 [J]. 成都信息工程大学学报，2016，31(2)：180-184.

[22] 陈琳，任芳 . 基于 OpenAPI 的 Python 空气质量监测数据程序设计 [J]. 贵州气象，2016，40(3)：78-81.

[23] 郑戟明 .Python 程序设计课程中计算思维的应用 [J]. 大学教育，2016(8)：127-129.

[24] 陈琳，任芳 . 基于 Python 的新浪微博数据爬虫程序设计 [J]. 信息系统工程，2016(9)：97-99.

[25] 郭丽蓉 . 基于 Python 的网络爬虫程序设计 [J]. 电子技术与软件工程，2017(23)：248-249.

[26] 朱鹏飞 . 论 Python 程序设计语言：对大学生计算思维能力的培养 [J]. 数字技术与应用，2017(3)：36-37.

[27] 吴萍，朱敏，蒲鹏 . 基于思维培养的 Python 程序设计类课程之实践 [J]. 福建电脑，2017，33(6)：167-168.

[28] 朱赟 .Python 语言对程序设计基础教学的意义 [J]. 福建电脑，2017，33(6)：176-177.

[29] 罗晓牧 . 基于 Python 语言程序设计的交互式课堂教学探索 [J]. 都市家教 (下半月)，2017(8)：179.